中国地质调查成果 CGS 2023-028
湖北省公益学术著作出版专项资金资助

武汉市岩溶塌陷发育特征研究

WUHAN SHI YANRONG TAXIAN FAYU TEZHENG YANJIU

李海涛 杨 涛 熊启华
涂 婧 郑晓明 李彧磊 等著

中国地质大学出版社
ZHONGGUO DIZHI DAXUE CHUBANSHE

内容提要

本书是作者们对近10年来开展的武汉市岩溶塌陷调查、监测及综合研究工作所取得的成果和认识的概括与总结。在充分收集和整理前人关于岩溶地质及岩溶塌陷工作成果的基础上，通过野外实际调查、地面物探、水文地质和工程地质钻探、岩溶塌陷监测及综合研究分析等多种方法和手段，对武汉市的岩溶发育情况、岩溶塌陷发育特征及条件、岩溶塌陷成因及致塌模式、典型案例等方面进行了深入的分析和总结，开展了武汉市岩溶塌陷风险性评价，并提出了武汉市岩溶塌陷监测网的布设方案。

本书可供从事岩溶塌陷地质灾害调查、监测及综合研究等方面的地质工作者和科研人员参考。

图书在版编目(CIP)数据

武汉市岩溶塌陷发育特征研究 / 李海涛等著. —武汉：中国地质大学出版社，2023.12

ISBN 978-7-5625-5737-1

Ⅰ.①武…　Ⅱ.①李…　Ⅲ.①岩溶塌陷-岩溶作用-研究-武汉　Ⅳ.①P642.26

中国国家版本馆 CIP 数据核字(2023)第 240624 号

武汉市岩溶塌陷发育特征研究　　李海涛　杨　涛　熊启华　涂　婧　郑晓明　李彧磊　**等著**

责任编辑：张　林　　选题策划：张　林　　责任校对：何澍语

出版发行：中国地质大学出版社(武汉市洪山区鲁磨路 388 号)　　邮编：430074

电　　话：(027)67883511　　传　　真：(027)67883580　　E-mail：cbb@cug.edu.cn

经　　销：全国新华书店　　http://cugp.cug.edu.cn

开本：787 毫米×1092 毫米　1/16　　字数：250 千字　　印张：9.75

版次：2023 年 12 月第 1 版　　印次：2023 年 12 月第 1 次印刷

印刷：武汉市籍缘印刷厂

ISBN 978-7-5625-5737-1　　定价：68.00 元

序

岩溶塌陷是可溶岩地区一种特有的突发性地质灾害。近年来，随着人们对生态和环境的关注程度提升，政府对地质环境问题和地质安全的重视程度提高，全国各地陆续开展了与之相关的调查和研究工作。武汉市是我国少有的受岩溶塌陷困扰的超大型城市之一，也是国内较早开展岩溶塌陷专项调查评价工作的城市之一。本人30年前就曾在武汉开展过岩溶塌陷方面的科学研究，并持续关注武汉市城市建设与岩溶塌陷相关防治工作。

2012年，中国地质调查局在全国范围内启动了“重点地区岩溶塌陷调查计划”项目，将武汉市列为首批开展该项工作的地区之一。经过近5年的努力，该项目基本覆盖武汉市岩溶分布区全域，查明了岩溶塌陷孕灾地质条件和发育分布规律，并在城市建成区岩溶塌陷调查技术方法、隐伏岩溶区与各类工程活动叠加造成的岩溶塌陷成因和致塌模式分析、岩溶塌陷监测方法等方面做了有益探索。近几年，武汉市以多要素城市地质调查为契机，在武汉市洪山区白沙洲、汉阳区建港和江夏区纸坊等地开展了重点岩溶塌陷区大比例尺调查与监测等工作，在利用物探方法组合技术快速探测岩溶塌陷方面开展探索研究，收获了良好的应用效果，为武汉市岩溶区工程建设实施中岩溶塌陷防治提供技术支撑。

本书作者们长期从事岩溶塌陷调查评价和相关技术方法研究，一直致力于武汉市岩溶塌陷防治工作，曾多次参与了武汉市洪山区烽火村，汉南区陡埠村，江夏区乌龙泉京广铁路、金水闸和法泗街金水河两岸等岩溶塌陷应急处置，参与了武嘉高速公路等重大工程岩溶地质问题技术服务等工作，具备大量的实践经验和较高的理论水平，在岩溶塌陷方面的各类研究成果也得到了业界和政府相关部门的高度肯定。

本书是作者们在汇集武汉市岩溶塌陷多年来的调查和研究成果基础上的提炼与总结，全面论述了武汉市岩溶塌陷形成的地质条件，详细分析了岩溶塌陷各类影响因素，并对典型塌陷事件进行实例分析，提出了武汉市岩溶塌陷风险管控建议。全书较为集中和系统阐述了武汉市岩溶塌陷方面的诸多具体问题，其中，岩溶塌陷成因效应和致塌模式分析涵盖武汉市各种岩溶塌陷类型，相关内容既有针对性又具普遍性，既是总结也是创新，既有理论价值又有实践意义，可作为在岩溶地区工作的地质工作者和科研人员的参考书。

雷明堂

2022年10月4日

前　言

岩溶塌陷是岩溶地区存在的主要地质灾害问题之一，严重制约岩溶地区城市建设和社会经济发展，给人民生活财产乃至生命安全造成了一定的损失。全球约有16个国家存在严重的岩溶塌陷问题，而我国是其中之一。我国岩溶面积约363万km^2，占国土面积的1/3以上。据不完全统计，我国累计发生岩溶塌陷超过9000处，大大小小的岩溶塌陷坑超过40 000个，空间分布以广东省、广西壮族自治区、湖北省、湖南省等为主。

岩溶塌陷具有空间上的隐蔽性、时间上的突发性及机制的复杂性等特点。因此，岩溶塌陷的调查研究工作相对比较复杂。第一，应从基础地质条件入手，包括岩溶地质条件、岩溶水文地质条件等；第二，在掌握基础地质条件的前提下，分析岩溶塌陷发育的空间条件、物质条件和动力条件；第三，利用定性或定量技术方法和手段，分析岩溶塌陷成因及致塌模式；第四，为支撑服务城市规划建设和岩溶塌陷地质灾害防治工作，开展岩溶塌陷易发性、易损性和风险性评价，提出岩溶塌陷风险管控区划；第五，针对岩溶塌陷动态变化，开展岩溶塌陷监测等，建立岩溶塌陷监测及风险管控信息系统。目前，我国岩溶塌陷研究还处于发展过程中，以我国自然资源部中国地质调查局岩溶地质研究所、中国地质大学（武汉）为主的科研单位及高等院校开展了系列的岩溶塌陷调查、监测和综合研究工作，在掌握岩溶地区基础地质条件，岩溶塌陷模型构建、成因机理、风险性评价及信息系统建设等方面，取得了不小的进步。

武汉市是我国中部重镇，是长江经济带发展国家战略中的重要核心发展城市，具有重要的核心枢纽和引擎驱动地位。而武汉市也是我国可溶岩分布较为广泛的城市之一，岩溶面积约为1 195.30km^2，占武汉市总面积的14%，呈东西向分布有8条主要的岩溶条带。武汉市岩溶塌陷事件时有发生，最早有记录的为1931年8月发生在现武昌区丁公庙附近的岩溶塌陷事件，截至2018年底，武汉市共发生过33处（40次）岩溶塌陷，有塌陷坑98个。特别是2008年以来，随着极端气候和人类工程活动加剧，几乎每年均有岩溶塌陷事件发生，给城市规划建设和人民生活及财产安全造成损失与威胁。

自2001年以来，国土资源部（现为自然资源部）、中国地质调查局针对武汉市岩溶塌陷部署了系列的调查、监测、预警及综合研究工作。特别是2012—2016年，针对重点地区开展1∶5万岩溶塌陷调查，基本覆盖武汉市主要岩溶塌陷发生区域，查明重点地区岩溶地质条件及水文地质条件，分析重点地区岩溶塌陷规模、成因、发育规律及影响因素等。

本书是作者们在开展武汉市1∶5万岩溶塌陷调查成果的基础上，充分结合前人研究成果和后期开展调查取得的综合研究成果，对武汉市岩溶塌陷调查整体工作成果的概括和总结。全书分为9章，第一章至第三章由李海涛、杨涛、李慧娟、涂婧、刘长宪、金爱芳、康伟、崔霖峰、金小刚、魏瑞均等撰写，第四章由涂婧、熊启华、杨戈欣、刘长宪、李海涛、杨涛、金小刚等撰写，第五章由李海涛、杨涛、涂婧、王芮琼、郑晓明、李慧娟、杨戈欣、廖明政、孟陈、孙威等撰写，第六章由郑晓明、金小刚、陈标典、刘鹏瑞、杨戈欣、李海涛、杨涛等撰写，第七章由杨涛、熊启华、李海涛、涂婧、刘鹏瑞、姜超、郑晓明等撰写，第八章由李彧磊、李海涛、涂婧、龙婧、熊志涛、王芳、龚晓俐、陈标典、杨涛等撰写，第九章由熊启华、李海涛、涂婧、王芮琼、陈标典、王湘桂、陈龙撰写。全书由李海涛、杨涛负责统稿。由于作者们水平有限，书中难免有不足之处，敬请各位专家学者和同行们批评指正。

著者

2023 年 6 月

目录

第一章 自然地理概况

第一节 地理位置

武汉，简称“汉”，俗称“江城”，湖北省省会，位于我国湖北省东部(图 1-1)长江与汉江交汇处，国家历史文化名城，我国中部地区核心城市，全国重要的工业基地、科教基地和综合交通枢纽。武汉市地处东经 113°41′—115°05′，北纬 29°58′—31°22′，总面积约 8 569.15km²，南北最大纵距约 155km，东西最大横距约 134km。

图 1-1　武汉市地理位置图

第二节 地形地貌

按成因，武汉市主要包含低山、丘陵和平原 3 种地貌类型。低山又可分为中等切割剥蚀-侵蚀低山、中等切割溶蚀-侵蚀低山、浅切割剥蚀-侵蚀低山、浅切割溶蚀-侵蚀低山；丘陵又可分为侵蚀-剥蚀高丘陵、剥蚀低丘陵；平原又可分为剥蚀堆积岗状平原、冲积河谷平原、湖积平原(图 1-2)。

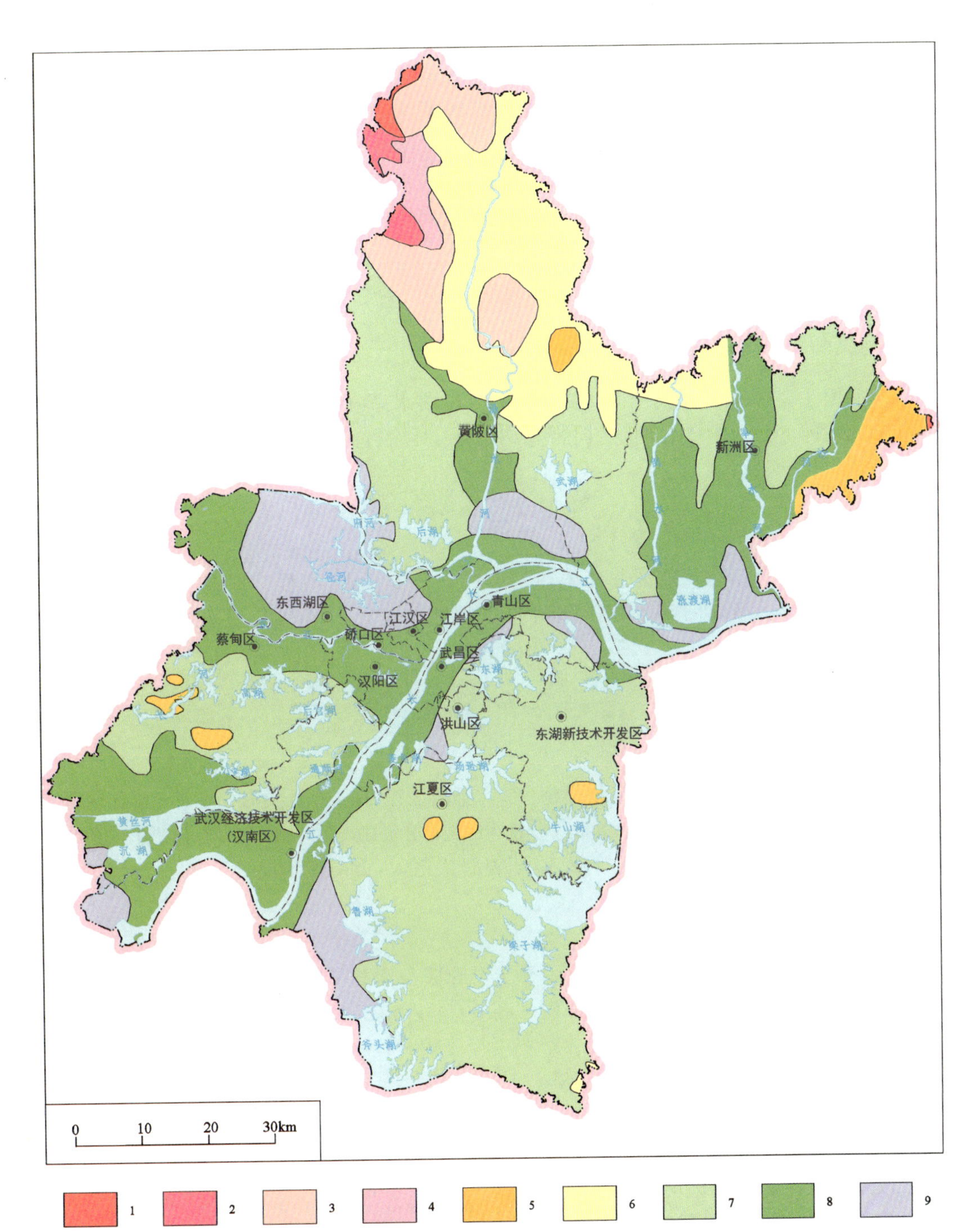

1. 中等切割剥蚀-侵蚀低山；2. 中等切割溶蚀-侵蚀低山；3. 浅切割剥蚀-侵蚀低山；4. 浅切割溶蚀-侵蚀低山；
5. 侵蚀-剥蚀高丘陵；6. 剥蚀低丘陵；7. 剥蚀堆积岗状平原；8. 冲积河谷平原；9. 湖积平原

图 1-2 武汉市地貌图

一、低山

（一）中等切割剥蚀-侵蚀低山

该类低山主要分布在黄陂区北部偏西的黄牯石和矿山林场一带，高程一般在700～900m之间，走向与构造线一致，山坡较陡，多在25°左右，岭脊多呈浑圆状。

（二）中等切割溶蚀-侵蚀低山

该类低山主要分布在黄陂区北部偏西的石门山-朱家山，高程一般在700～900m之间，走向一般与构造线一致，外营力作用以流水线状侵蚀作用为主，溶蚀作用次之。

（三）浅切割剥蚀-侵蚀低山

该类低山主要分布在黄陂区北部的蔡店乡、矿山水库一带，介于中山与丘陵平原相间展布，高程一般在500～900m之间，走向常与构造线、河流与沟谷走向一致，山坡较缓，多在20°左右，岭背多呈浑圆状。

（四）浅切割溶蚀-侵蚀低山

该类低山主要分布在黄陂区北部偏西的石门山—朱家山，高程一般在500～900m之间，走向一般与构造线一致，外营力作用以流水线状侵蚀作用为主，溶蚀作用次之。

二、丘陵

（一）侵蚀-剥蚀高丘陵

该类丘陵主要分布在黄陂区东北部梅家寨、新洲区东部旧街至尖峰山一带、蔡甸区西南部索河镇和永安街一带，以及江夏区南部八分山和东部龙泉山一带，介于低山与低丘相间展布。高程一般在100～500m之间，溪沟较发育，地貌起伏稍大，无明显走向。

（二）剥蚀低丘陵

该类丘陵主要分布在黄陂区北部地区，介于高丘陵与岗状平原相间展布。高程一般在35～100m之间，相对高度小于100m，切割深度多在40～70m之间，冲沟发育。

三、平原

（一）剥蚀堆积岗状平原

武汉市岗状平原在全区均有分布，高程一般在22～45m之间。在垂直方向上，可划分出二级地貌形态：一为长江二级阶地，高程一般在22～25m之间；二为长江三级阶地，高程一般在25～50m之间。岗状平原地面波状起伏，地表冲沟发育。

（二）冲积河谷平原

该类平原主要分布在长江、汉江及其他河流两岸的河漫滩及一些江心洲等地区，高程一般在19～22m之间。

（三）湖积平原

该类平原主要分布在武汉市大型湖泊等沿岸，高程一般在 18～20m 之间。

第三节 气 象

武汉市属北亚热带季风性（湿润）气候，具有常年雨量丰沛、热量充足、雨热同季、光热同季、冬冷夏热、四季分明等特点。多年平均气温为 15.8～17.5℃，极端最高气温为 41.3℃（1934 年 8 月 10 日），极端最低气温为－18.1℃（1977 年 1 月 30 日）。年降水量在 1150～1450mm 之间，多年平均降水量约为 1261mm（图 1-3）；降水多集中在每年的 6—8 月间，约占全年降水量的 40%左右。

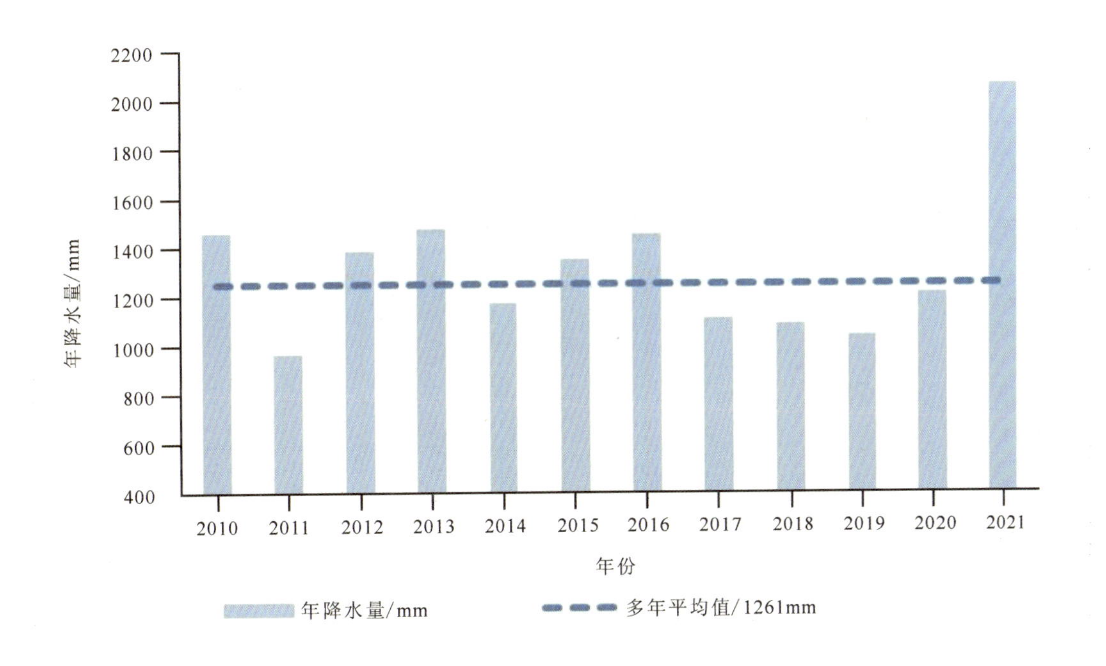

图 1-3 武汉市多年年降水量变化图

第四节 水 文

武汉市水系发育，江河纵横，河港沟渠交织，湖泊库塘星罗棋布。最大河流为长江，其次为汉江，滠水、府河、倒水、举水、金水、东荆河等河流从市区两侧汇入长江，形成以长江为干流的庞大水网（图 1-4）。水体总面积约 2 117.6km^2，约占全市面积的 1/4。

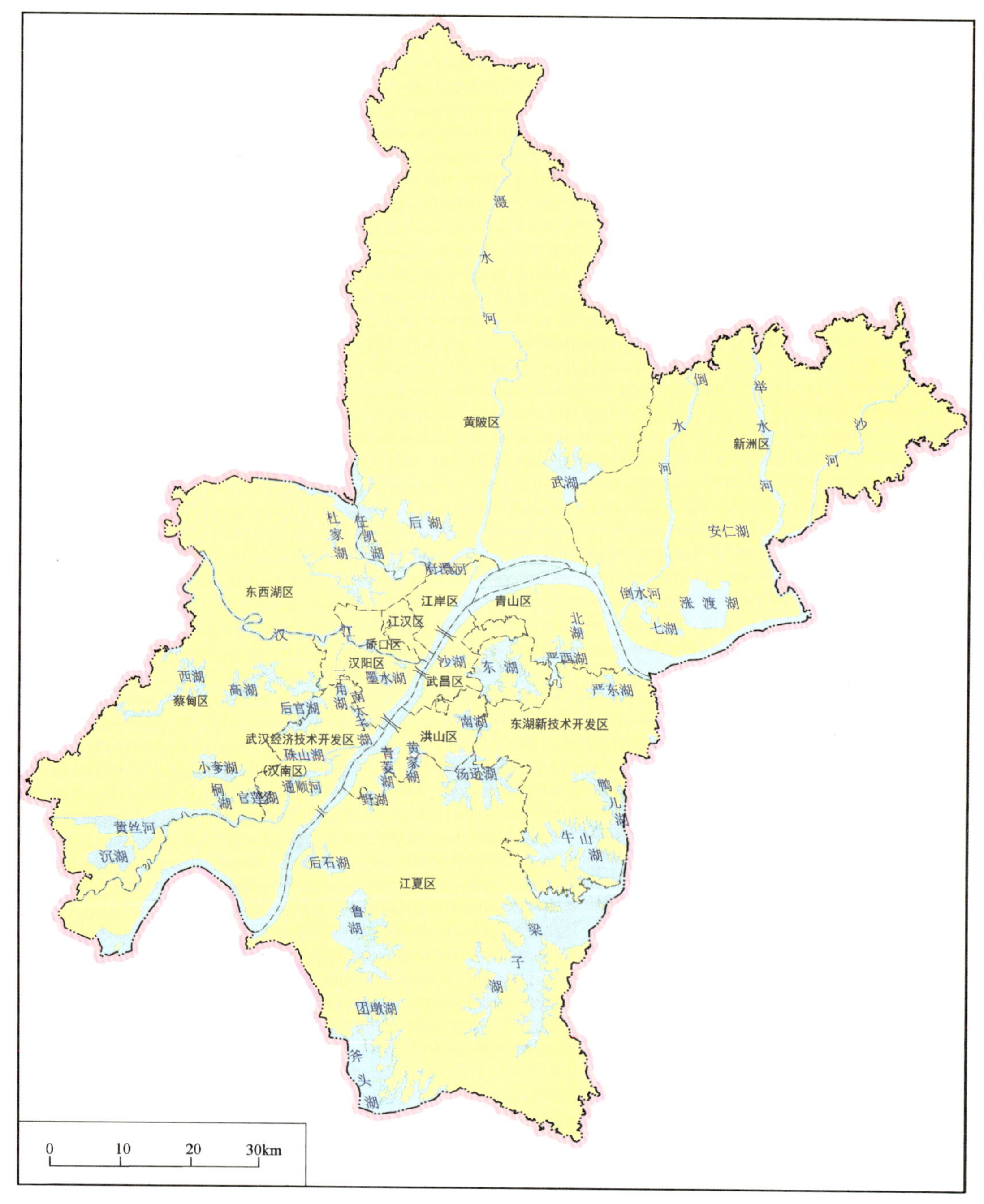

图 1-4　武汉市水系图

第五节　社会经济概况

武汉市是湖北省的政治、经济及文化中心，历来享有“九省通衢”之美誉，航空、铁路、公路、水运四通八达，交通位置极其优越。近年来，武汉市社会经济发展迅猛，根据《2020 年武汉市国民经济和社会发展统计公报》，2020 年全市实现地区生产总值为 15 616.06 亿元。同时，武汉市积极落实和推动国家长江经济带发展国家重大战略，进一步强化长江中游城市群中心城市作用，加强与长三角、成渝城市群等协作联动，共同构建长江经济带发展新格局；积极参与和融入“一带一路”国家重大建设，完善对外交通网络，构建“洲际化”国际航空客货运枢纽、国家铁路枢纽、世界级内河集装箱枢纽，正努力把武汉打造成联络“一带一路”和长江经济带的重要枢纽城市。

第二章 区域地质概况

第一节 区域基础地质概况

一、地层岩性

武汉市地层主要为新元古界至新生界（表 2-1）。新元古界分布相对较少，仅在新洲区阳逻街七湖村有出露；古生界地表出露不多，多隐伏于新生界之下；新生界新近系地表未见出露，埋藏于第四系松散堆积物之下；自中志留统至新近系，除个别地层缺失外，发育了一套较为完整的陆、海相沉积地层及少量喷出岩堆积地层。其中上石炭统、下二叠统栖霞组、中三叠统为碳酸盐岩地层；其他主要为页岩、石英砂岩等。第四纪以来，武汉市地壳运动处于沉降时期，大面积覆盖第四纪地层，约占总面积的 1/3。下更新统为冲积砂砾石、黏土；中更新统为洪冲积黏土；上更新统为湖冲积砂砾石、粗砂、粉细砂、淤泥质土、黏土；全新统下部为冲积砂砾石、粗砂、粉细砂，上部为一套湖积-冲积堆积形成的亚砂土与淤泥质土互层地层。

表 2-1 武汉市地层统计表

年代地层				岩石地层			
界	系	统	阶	组	代号	厚度/m	基本岩性
新生界	第四系	全新统		走马岭组	Qhz	15～75	粉质黏土
		更新统		青山组	Qp_3q	2～56	黏土、粉细砂
				王家店组	Qp_2w	3～55	网纹状黏土
				阳逻组	Qp_1y	5～20	砂砾石层
	新近系	中新统		广华寺组	N_1g	8～73	泥质砂岩、砂砾岩
	古近系	古新统		公安寨组	K_2E_1g	>1000	泥质砂岩
中生界	白垩系	上统					
	侏罗系	中统		花家湖组	J_2h	>100	泥质砂岩砾岩
		下统		王龙滩组	T_3J_1w	>188	石英砂岩
	三叠系	上统					
		中统	青岩阶	蒲圻组	T_2p	>88	泥质砂岩夹泥岩
			巢湖阶	嘉陵江组	$T_{1-2}j$		白云岩夹灰岩
		下统	殷坑阶				
				大冶组	T_1d	>410	灰岩

续表 2-1

年代地层				岩石地层			
界	系	统	阶	组	代号	厚度/m	基本岩性
上古生界	二叠系	上统	长兴阶	大隆组	P_3d	6～30	硅质岩、页岩
			吴家坪阶	龙潭组	P_3l	7～72	砂岩夹页岩
		中统	冷坞阶	孤峰组	P_2g	>150	硅质岩
			茅口阶				
			祥播阶	栖霞组	P_2q	>170	灰岩
			栖霞阶				
		下统	隆林阶	梁山组	P_1l	0～2.5	黏土岩、页岩
	石炭系	上统	达拉阶	黄龙组	C_2h	>30	白云质灰岩
			滑石板阶	大埔组	C_2d		白云岩
		下统	大塘阶	和州组	C_1h	8～27	砂岩夹页岩
				高骊山组	C_1g	17～46	黏土岩夹砂岩
	泥盆系	上统	锡矿山阶	黄家磴组	D_3h	30.26	石英砂岩夹页岩
			佘田桥阶	云台观组	D_3y	42～118	石英砂岩
下古生界	志留系	中统	安康阶	坟头组	S_2f	>175	泥质砂岩、页岩
新元古界	震旦系				Z		含磷岩系
	南华系			武当群	NhW	>500	白云钠长变粒岩、浅粒岩、片岩、绿泥钠长片岩等
	青白口系			红安岩群	Qb*H*.		白云钠长片麻岩、变粒岩、浅粒岩夹斜长角闪岩、大理岩、榴闪岩等
古元古界	滹沱系			大别岩群	$Pt_1D.$		黑云斜长片麻岩、变粒岩、片岩等

此外，北部局部地段有燕山期的花岗岩体、正长岩体侵入，中部白垩-古近系公安寨组地层中见喷出岩存在(表 2-2)。

表 2-2 武汉市岩浆岩简表

类型	时代	主要岩性	分布特征
侵入岩	大别期	花岗质片麻岩	主要分布于新洲区东部及黄陂区北部
		闪长质片麻岩	
	扬子期	变质辉长-辉绿岩	
	印支-海西期	古生代花岗岩	
	燕山期	闪长岩	
		钾长花岗岩	
		角闪正长岩、石英正长岩	
		石英二长闪长玢岩	
喷出岩		玄武岩	主要分布于黄陂区长新集、李家集、涂家店、新洲区及江夏区山坡、湖泗等地

二、地质构造

武汉市经历了自晋宁期以来的多阶段地质构造发展演化历史。早期构造活动控制元古宙时期岩浆作用与变质基底格局。发生于三叠纪晚期的印支造山运动，奠定了北部大别造山带与南部扬子陆块的主体构造格架，燕山期滨太平洋活动造成北东向断裂体系、断陷火山盆地和侵入岩浆活动的叠加，喜马拉雅期陆内演化形成了区内断、凹陷盆地沉积，造就了武汉市复杂的棋盘格式地质构造格局(图 2-1)。

断裂构造：贯穿于武汉市东西南北，呈棋盘格式布局。主要发育北西—北西西向断裂系和北北东—北东向断裂系，共同控制了不同时代地层的发育、地貌轮廓和地震活动。

北西向断裂：古亚洲断裂体系的重要组成部分，主要断裂具有规模大、延伸远、切割深、长期活动、控制性强等特点。其中，襄樊-广济断裂构成武汉市区域性构造边界断裂。

北东向断裂：滨太平洋断裂系的重要组成部分，呈北北东向带状或雁列状展布，具一定的等距性，主要有舵落口断裂(YF1)、三元寺断裂(YF2)、长江断裂(YF3)和菱角湖断裂(YF4)等，其中长江断裂具一定代表性，为燕山运动发育起来的北东向(30°±)区域性大断裂构造，第四纪仍有活动，控制着长江槽谷的生成发展。地貌上控制长江两岸的差异升降，向南延伸控制了江汉盆地的东部，西侧沉积了厚达 700m 的新近纪第四纪沉积层。通过武汉市区分割龟、蛇二山，切穿志留纪—早三叠世地层。

褶皱构造：古生代基岩褶皱强烈，主体隐伏地下，表现为一系列北西西向或近东西向展布的褶皱。大致沿大集、沌口、流芳岭一线为界，以北为紧闭同斜线状类型，长宽比大，轴面北倾南倒，形态规整；以南褶皱相对开阔，形态不协调，总体表现为隔槽式组合特征，发育次级小褶皱。具规模性的褶皱主要有金龙山背斜、纱帽山背斜、石门峰向斜和大军山-神山背斜等。

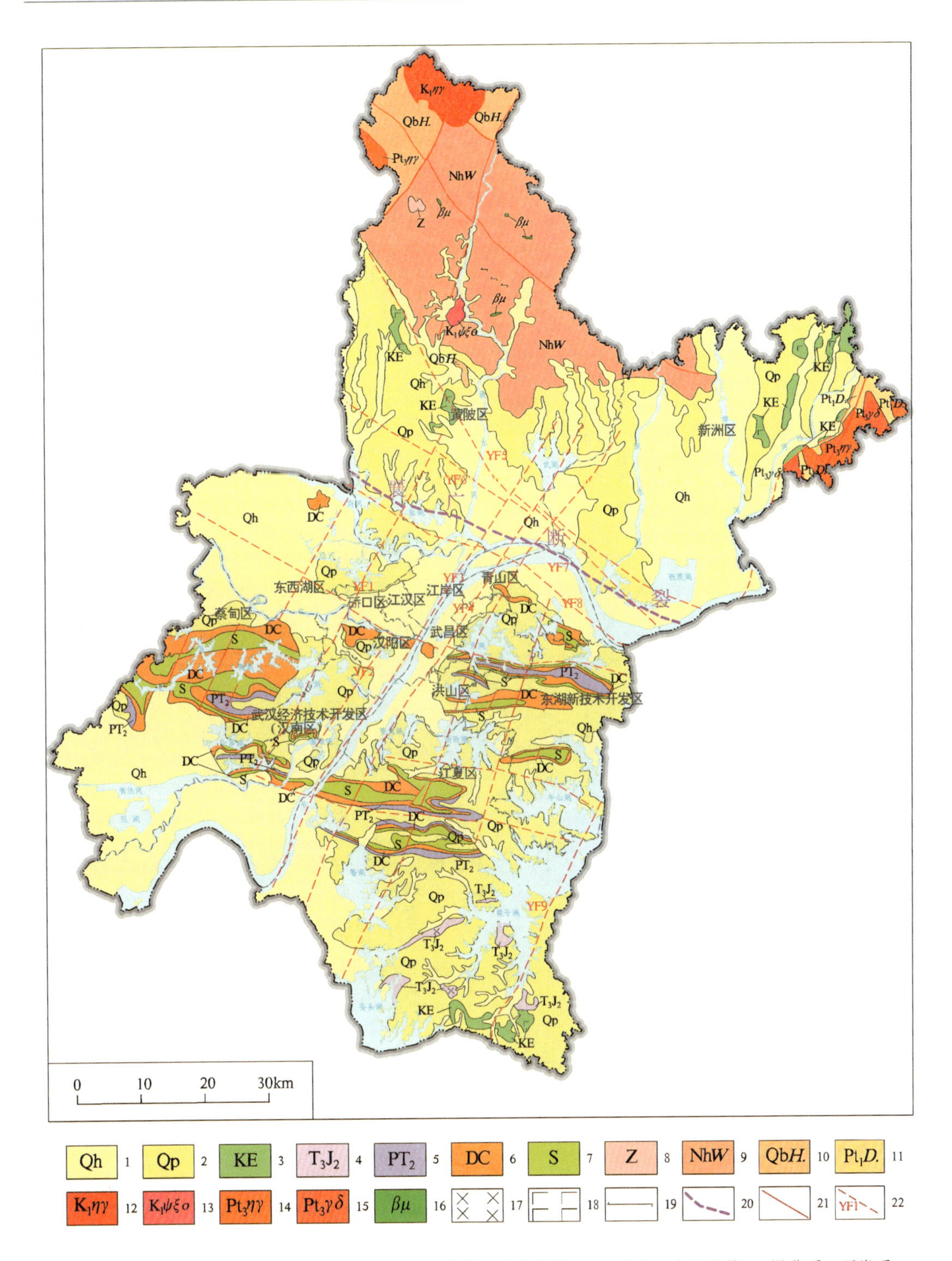

Qh 1 Qp 2 KE 3 T_3J_2 4 PT_2 5 DC 6 S 7 Z 8 NhW 9 QbH. 10 $Pt_1D.$ 11 $K_1\eta\gamma$ 12 $K_1\psi\xi o$ 13 $Pt_3\eta\gamma$ 14 $Pt_3\gamma\delta$ 15 $\beta\mu$ 16 17 18 19 20 21 YF1 22

1.全新统;2.更新统;3.白垩系—古近系;4.上三叠统—中侏罗统;5.二叠系—中三叠统;6.泥盆系—石炭系;7.志留系;8.震旦系;9.南华系武当群;10.青白口系红安岩群;11.古元古界大别岩群;12.早白垩世二长花岗岩;13.早白垩世角闪石英正长岩;14.新元古代二长花岗岩;15.新元古代花岗闪长岩;16.辉绿岩;17.流纹岩;18.玄武岩;19.蓝闪(片)岩;20.一级构造单元边界;21.主要断裂;22.隐伏断裂及编号

图 2-1 武汉市地质及地质构造图

三、地震

武汉市挽近构造活动与近代地壳形变表现规模不大，但区域性断裂具有多期活动的特点，其分布和交错相接的部位易造成应力集中，从而导致地震的发生。

（一）近期地震状况

武汉市属麻城-常德地带东亚带中部。公元294—1954年间，武汉毗邻地区发生过$M_s>4.75$级地震29次，其中5级地震26次，6级以上地震5次。地震均发生在北北东向断裂带、北西西向断裂带和近东西向断裂带上。

武汉市地震多属弱震，震级小，烈度高。据《中国地震动参数区划图》（GB 18306—2015），武汉市地震动峰值加速度为0.05g，建筑物抗震设防烈度为Ⅵ度。

（二）地震地质条件

武汉市深部构造为武汉幔隆，莫霍面埋深30.5km。四周由襄樊大别幔陷、华南幔陷及东幔坡带合围。深部构造具备地震地质条件，地震发生潜在部位在幔隆与幔陷的结合处。

武汉市基底构造为武汉“断凸”，周边为襄樊-广济断裂、麻城-团风断裂，沙湖-湘阴断裂及牌洲断裂。

四、新构造运动

（一）近代地壳运动

武汉市近代地壳仍在运动，变化幅度较小，且表现为振荡性沉降特点。相对而言，北部大别山区继续缓慢上升，武汉市所辖范围为缓慢沉降；洪湖以西的江汉平原地区，近代地壳运动显示为上升。

（二）区域性断裂活化情况

武汉市深部构造上属幔隆区，周边由襄樊-广济、麻城-团风、沙湖-湘阴和牌洲断裂4条区域性断裂切割，形成“幔凸”，均具有长期继承性活动特点，主要表现在沿断裂带一般有玄武岩喷溢以及诱发不同程度的地震等，对底壳稳定性有一定控制作用。

第二节 区域水文地质概况

一、含水层特征

武汉市地下水类型主要为松散岩类孔隙水、碎屑岩类裂隙孔隙水、碎屑岩类裂隙水、碳酸盐岩类裂隙岩溶水及岩浆岩、变质岩类风化裂隙水5类。含水层结构主要包括10个含水岩组、2个弱透水岩组及1个不含水岩组（表2-3，图2-2）。

表 2-3 地下水类型及岩组分类表

	地下水类型	岩组[代号]
含水层	松散岩类孔隙水	第四系孔隙潜水含水岩组[Qhz^1]
		第四系孔隙承压水含水岩组[Qhz^2、Qp_3q^1]
	碎屑岩类裂隙孔隙水	新近系裂隙孔隙水含水岩组[N_1g]
	碎屑岩类裂隙水	白垩系-古近系裂隙水含水岩组[K_2E_1g]
		中三叠统(蒲圻组)-中侏罗统(花家湖组)裂隙含水岩组[T_2p-J_2h^a]
		中二叠统(孤峰组)-上二叠统(大隆组、龙潭组)裂隙水含水岩组[P_2g-P_3l+d]
		上泥盆统(黄家磴组、云台观组)-下石炭统(和州组、高骊山组)裂隙水含水岩组[D_3h+y-C_1g+h]
	碳酸盐岩类裂隙岩溶水	下三叠统(大冶组)-中下三叠统(嘉陵江组)裂隙岩溶水含水岩组[$T_1d-T_{1-2}j$]
		上石炭统(黄龙组、大浦组)-中二叠统(栖霞组)裂隙岩溶水含水岩组[C_2d+h-P_2q]
	岩浆岩、变质岩类风化裂隙水	岩浆岩和元古宙变质岩风化裂隙水含水岩组
弱透水或不含水层		志留系(坟头组)泥质砂岩、页岩弱透水岩组[S_2f]
		第四系(上更新统青山组)黏土、中更新统(王家店组)黏土弱透水岩组[Qp_3q^2、Qp_2w]
		下更新统(阳逻组)含黏土砂砾层不含水岩组[Qp_1y]

(一)松散岩类孔隙水

松散岩类孔隙水主要包括孔隙潜水和孔隙承压水。

1. 孔隙潜水含水岩组

该含水岩组主要分布于长江心滩与漫滩、湖边等地表低洼处以及山区、岗状平原的河谷、沟谷,岩性主要为第四系全新统砂砾石、粉砂、粉土和淤泥质粉质黏土。含水岩组厚度一般为3.5~6.0m,渗透系数一般为0.001~0.549m/d,水位埋深一般为0.05~4.74m。

2. 孔隙承压水含水岩组

该含水岩组主要分布于长江和汉江一、二级阶地,与长江、汉江有较密切的水力联系,受江水影响较大,临江地段尤为明显,岩性主要为第四系全新统粉砂及上更新统细砂、砂砾石。含水岩组厚度变化较大,一般为1.00~44.85m,一级阶地前缘渗透系数一般为11.89~28.98m/d,一级阶地后缘渗透系数一般为0.007~1.480m/d,水位(头)埋深一般为0.2~13.0m。

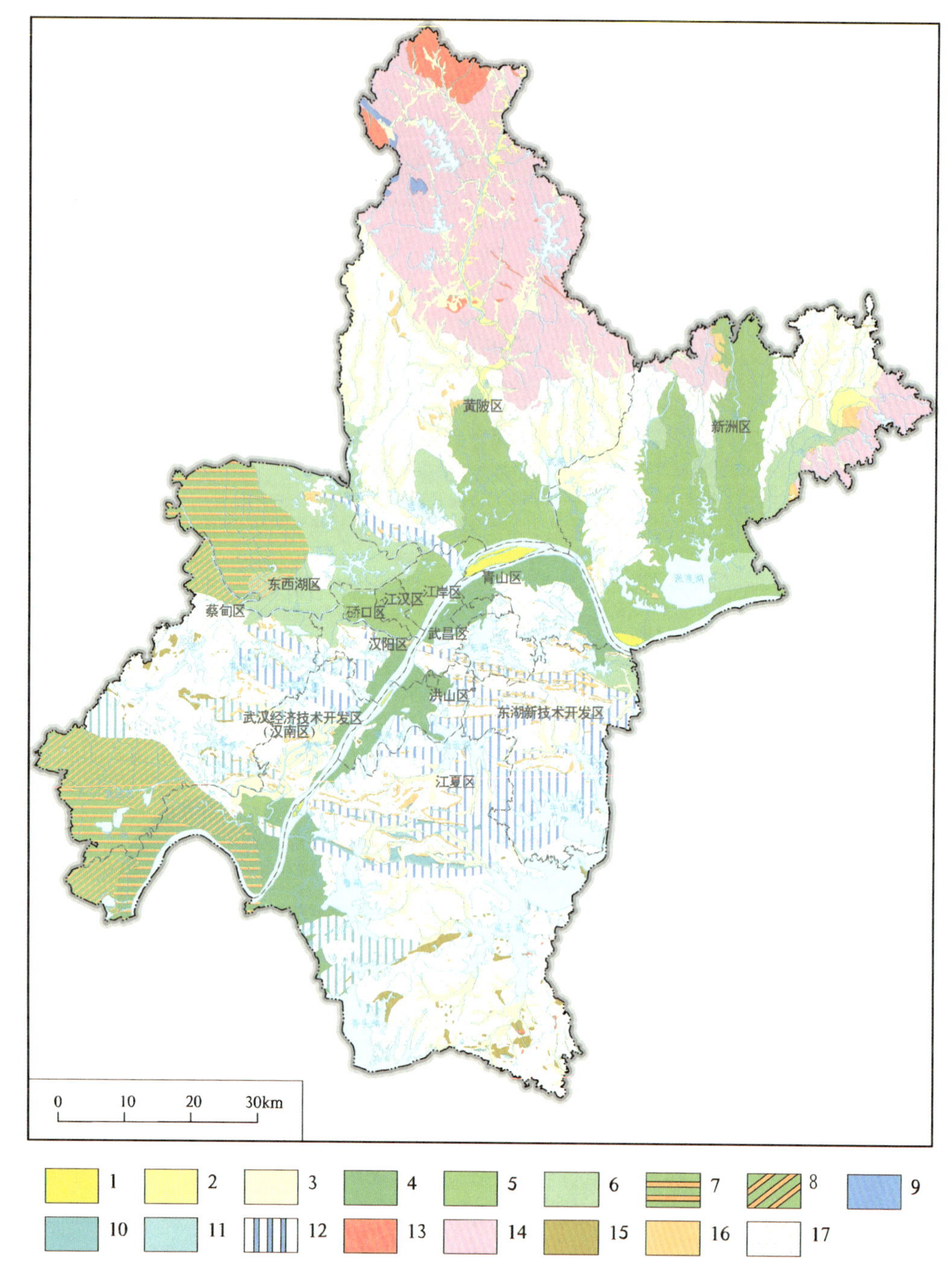

1.孔隙潜水单井涌水量＞1000m^3/d;2.孔隙潜水单井涌水量100～500m^3/d;3.孔隙潜水单井涌水量＜100m^3/d;4.孔隙承压水单井涌水量＞1000m^3/d;5.孔隙承压水单井涌水量500～1000m^3/d;6.孔隙承压水单井涌水量＜500m^3/d;7.上部承压含水层顶板埋深30～50m孔隙承压水(宽色带中颜色深浅表示富水程度);8.上部承压含水层顶板埋深＜30m孔隙承压水(宽色带中颜色深浅表示富水程度);9.裂隙岩溶水泉流量100～500m^3/d;10.裂隙岩溶水泉流量10～100m^3/d;11.裂隙岩溶水泉流量＜10m^3/d;12.岩溶含水层(窄色带中颜色深浅表示富水程度);13.岩浆岩裂隙水泉流量＜10m^3/d;14.变质岩裂隙水泉流量＜10m^3/d;15.变质岩裂隙水泉流量10～100m^3/d;16.变质岩裂隙水泉流量＜10m^3/d;17.弱透水或不含水层

图2-2　武汉市水文地质图

（二）碎屑岩类裂隙孔隙水

该含水岩组分布面积较少，主要分布于东西湖区及流芳镇一带、黄陂区滠口、两路口及西南部汉南区通津、邓南至蔡甸区消泗等地，大部分隐伏于松散堆积层之下，岩性主要为新近系广华寺组泥质砂砾岩，胶结程度较差，为半成岩状。含水岩组厚度变化较大，一般为19.02～28.32m，渗透系数为1.59～4.20m/d，水位（头）埋深为1.57～11.10m。

（三）碎屑岩类裂隙水

该含水岩组主要分布于武汉市南部豹澥东南侧林米咀—长港一带、东湖高新技术开发区和江夏区梁子湖一带等地，呈东西向条带状分布于武汉市中部背斜两翼茅庙集至青山以南等广大地区。岩性为新近纪以前生成的碎屑岩，包括白垩系—古近系裂隙水含水岩组、中三叠统（蒲圻组）—中侏罗统（花家湖组）裂隙含水岩组、中二叠统（孤峰组）—上二叠统（龙潭组）裂隙水含水岩组、上泥盆统（云台观组）—下石炭统（高骊山组）裂隙水含水岩组。含水层顶板埋深为11.0～84.4m，泉流量一般小于 $10m^3/d$，局部地区可达 $10 \sim 100m^3/d$，水位（头）埋深为1.15～28.80m。

（四）碳酸盐岩类裂隙岩溶水

该含水岩组呈东西向条带状分布于武汉中部，露头沿条带呈东西向零星分布于蒋家山、白云洞、青龙山、乌龙泉矿区、鞍山一带，大部分被第四系覆盖。岩性为灰岩、白云岩、含燧石结核灰岩、泥质灰岩、白云质灰岩等，包括上石炭统—中二叠统裂隙岩溶水含水岩组和下三叠统（大冶组）—中下三叠统（嘉陵江组）裂隙岩溶水含水岩组。含水层顶板埋深为10～30m，局部大于100m。受岩溶发育程度影响，地下水富水性差异大，钻孔单位涌水量 $1 \sim 100m^3/(d \cdot m)$ 不等，水位（头）埋深为0.33～32.66m。

（五）岩浆岩、变质岩类风化裂隙水

该含水岩组主要分布于武汉市北部，岩性为黑云奥长条带状混合岩、黑云奥长片麻岩、斜长角闪岩、角闪二长片麻岩、变粒岩、钠长片麻岩、钠长石英片岩、白云石英片岩、角闪片岩、绿帘绿片岩、阳起片岩、浅粒岩、钾长花岗岩、正长岩、基性岩及玄武岩、安玄岩、流纹岩、安山岩和凝灰岩等，地下水主要赋存于风化带中。

（六）弱透水或不含水岩组

1. 弱透水岩组

弱透水岩组岩性主要为第四系中更新统王家店组黏土、第四系上更新统青山组黏土及中志留统坟头组泥质砂岩和页岩。

第四系中更新统王家店组弱透水含水层在武汉市广泛分布，以特有的红色、棕红色调黏土、网纹状黏土为基本特征，局部见碎石红土及含砾红土，含铁锰质薄膜及结核，厚度10～35m。

第四系上更新统青山组弱透水含水层主要分布于武汉市东部和西部，岩性为褐黄色、灰黄色黏土，稍湿，硬塑，含铁锰氧化物，该层厚度15～25m。

中志留统坟头组泥质砂岩和页岩弱透水含水层，分布较广，地表主要出露于剥蚀丘陵及残丘地带，大部分隐伏于第四系松散堆积层之下，属于背斜核部，厚度均大于170m。

2. 不含水岩组

不含水岩组主要为第四系下更新统阳逻组含黏土砂砾层，主要分布于黄陂区横店，新洲区阳逻、施岗等地，武昌区流芳街、土地堂一带，呈帽状覆盖于高程50m以上的丘顶，厚度约15m。

二、地下水补径排特征

（一）松散岩类孔隙水

1. 孔隙潜水

孔隙潜水主要接受大气降水及地表水入渗补给，地下水水位与降水呈一定的正相关性，降水量大时地下水水位高，降水量小时地下水水位低。潜水径流以水平径流为主，最终排入河流、湖泊；部分潜水垂向越流补给孔隙承压水。

2. 孔隙承压水

受地质环境制约，孔隙承压水补给来源主要为长江、汉江侧向入渗补给和孔隙潜水及下伏含水岩组的越流补给。长江、汉江河道切割深度到达孔隙承压水含水岩组，江水与孔隙承压水直接贯通。丰水期，长江、汉江水位上升，补给孔隙承压水，地下水由阶地前缘向后缘径流；枯水期，江水水位下降，地下水由阶地后缘向前缘径流，然后排入长江、汉江。孔隙承压水排泄方式主要为补给江河和人工开采，其次为向邻接含水岩组越流排泄。

（二）碎屑岩类裂隙孔隙水

碎屑岩类裂隙孔隙水上部与松散岩类孔隙水相连，下部与白垩-古近系碎屑岩类裂隙水相通，碎屑岩类裂隙孔隙水主要接受上部松散岩类孔隙水补给。排泄方式主要为向邻接含水岩组排泄及少量人工开采。

（三）碎屑岩类裂隙水

碎屑岩类裂隙水与松散岩类孔隙水相连，局部与碎屑岩类裂隙孔隙水、岩溶水相通，主要接受碎屑岩层地下水侧向补给和松散岩类孔隙水、碎屑岩类裂隙孔隙水、碳酸盐岩类裂隙岩溶水越流补给，局部与碳酸盐岩类裂隙岩溶水互为补排关系。排泄方式主要为向邻接含水岩组排泄及少量人工开采。

（四）碳酸盐岩类裂隙岩溶水

碳酸盐岩类裂隙岩溶水主要接受侧向补给和松散岩类孔隙水、碎屑岩类裂隙水越流补给。排泄方式主要为向邻接其他含水岩组越流排泄及少量人工开采。

在长江、汉江一级阶地局部地区，孔隙承压水含水岩组直接覆盖于碳酸盐岩类裂隙岩溶水含水岩组上，裂隙岩溶水与孔隙承压水呈互补关系。大部分地区二者之间存在较薄的含碎石黏土相对隔水层，导致裂隙岩溶水与孔隙承压水水力联系变弱。

隐伏于白垩-古近系碎屑岩下的碳酸盐岩类裂隙岩溶水与上覆碎屑岩类裂隙水相通，可接受碎屑岩类裂隙水补给，二者有互补关系。

（五）岩浆岩、变质岩类风化裂隙水

岩浆岩、变质岩类风化裂隙水包括两种情况：①在地表有出露的含水岩组，直接接受大气降水及地表水补给；②隐伏于第四系松散层或白垩-古近系碎屑岩下的含水岩组，接受松散岩类孔隙承压水或碎屑岩类裂隙水补给。

三、地下水水位动态特征

松散岩类地下水（孔隙承压水）和岩溶水与岩溶塌陷的关系最为密切。

（一）孔隙承压水动态特征

受降水及地表水水位影响，孔隙承压水水头动态具有明显的季节性变化特征。每年1—2月，降水量较少，孔隙承压水水头较低；6—7月降水量较多，孔隙承压水水头较高。同时，孔隙承压水受江水水位控制和影响，丰水期，江水水位高，孔隙承压水水头也高；枯水期，江水水位低，孔隙承压水水头随之变低。且江水水位对地下水水位的影响随着垂直江岸距离的增加而减弱，距离江岸越近，影响程度越大；反之，影响程度越小。

地下水监测站点SZK6、CK11-1和CK5与长江江岸的垂直距离分别约为0.18km、1.3km和1.8km（图2-3）。SZK6距离江岸最近，其孔隙承压水水头受长江水位影响最大；CK5孔与CK11-1距离江岸较远，受影响程度则相对较小（图2-4）。

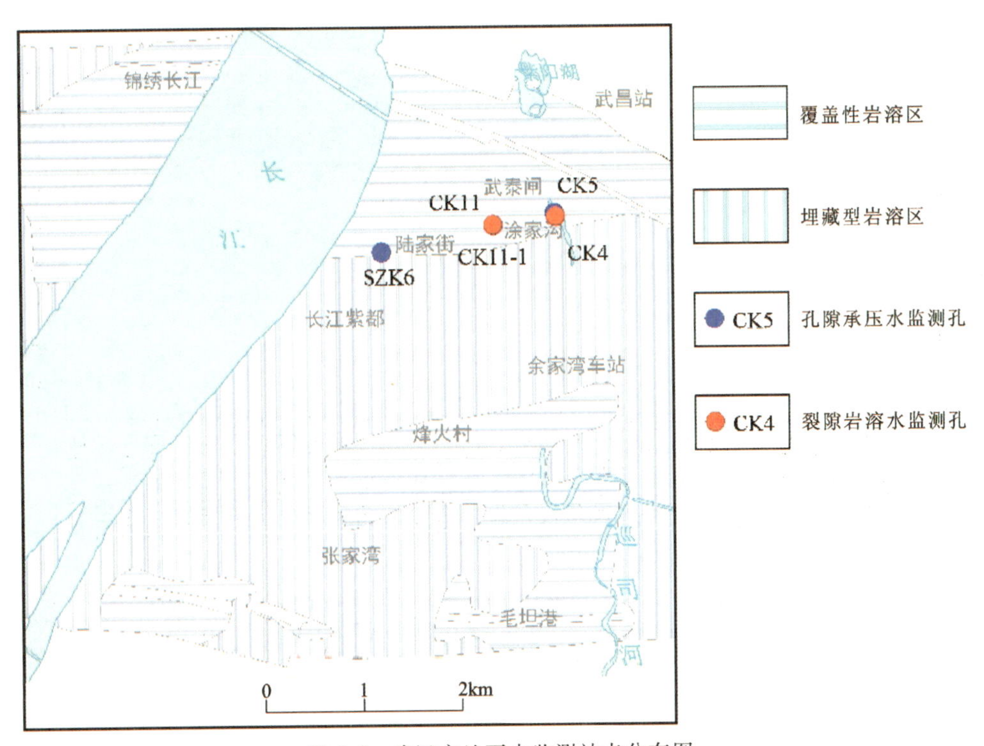

图2-3　武汉市地下水监测站点分布图

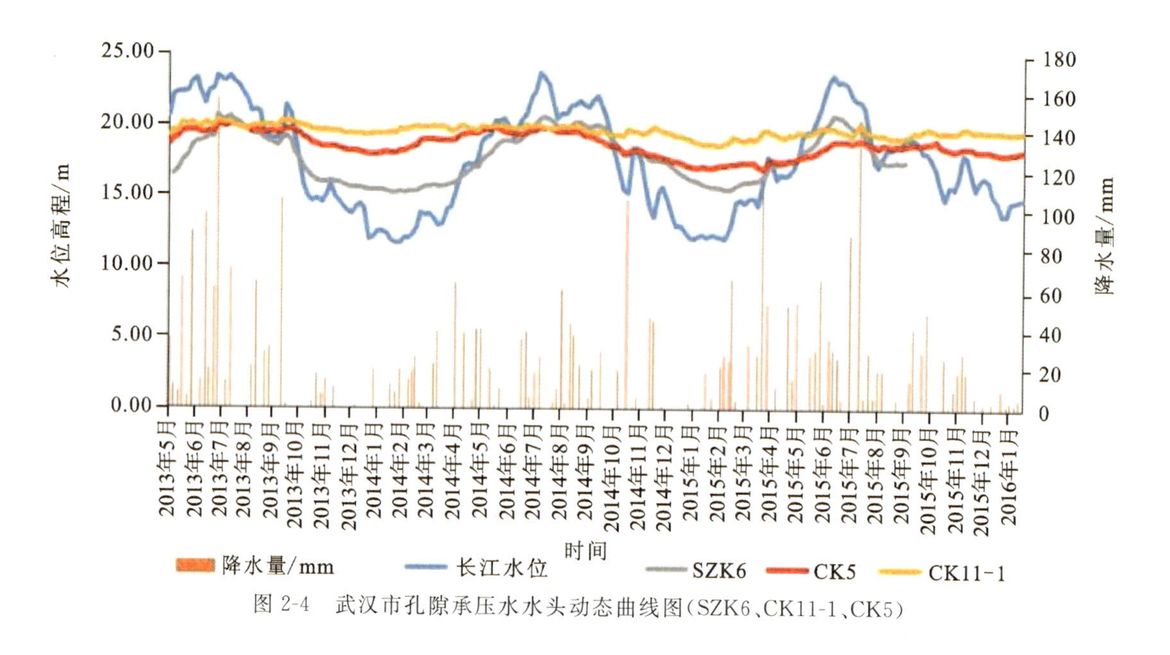

图 2-4 武汉市孔隙承压水水头动态曲线图(SZK6、CK11-1、CK5)

(二)裂隙岩溶水动态特征

武汉市大部分地区裂隙岩溶水水位(头)基本不受降水量和江水位控制,受其影响程度较小(图 2-5)。

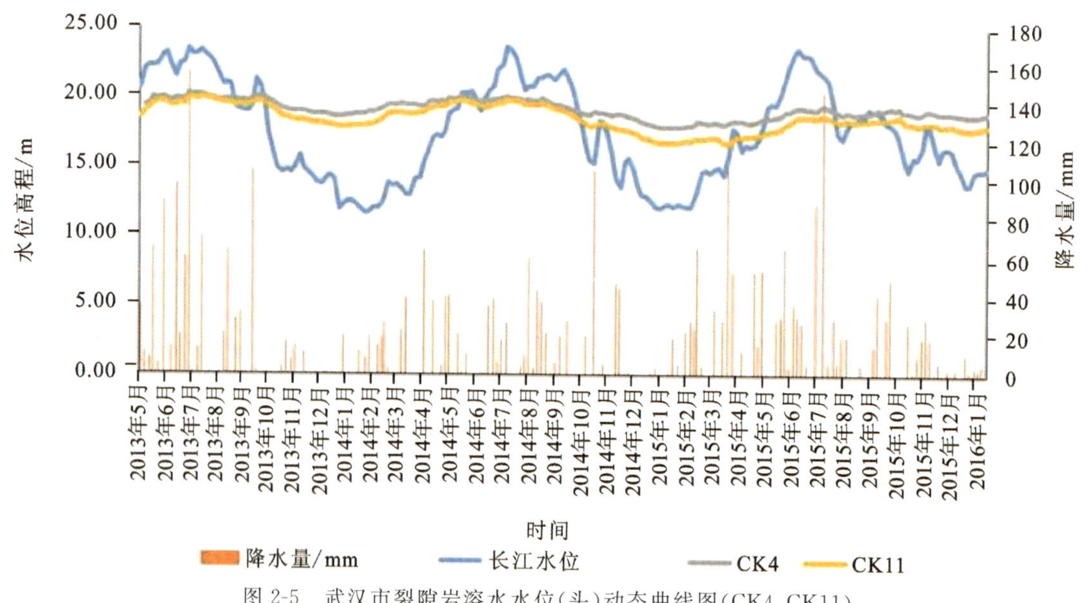

图 2-5 武汉市裂隙岩溶水水位(头)动态曲线图(CK4、CK11)

但是，在长江沿岸岩溶水与孔隙承压水直接连通的局部地段，如陆家街一带，孔隙承压水受江水影响较大，进而间接影响裂隙岩溶水，裂隙岩溶水水位（头）变动具有较明显的季节性变化特征。

另外，在山前补给带局部地段，岩溶水位（头）易受降雨影响。丰水期，降水量增大，岩溶水水位（头）随之变高；枯水期，降水量减少，岩溶水水位（头）逐渐回落下降。

第三章

岩溶发育特征

第一节 岩溶空间分布

武汉市岩溶面积约为 1 195.3km²，占武汉市总面积的 14%。由北至南，主要有 8 条呈东西向分布的岩溶条带(图 3-1)，条带宽度一般为 0.8～6.8km，最宽可达 12km。受构造影响，局部地区岩溶条带发生折曲。

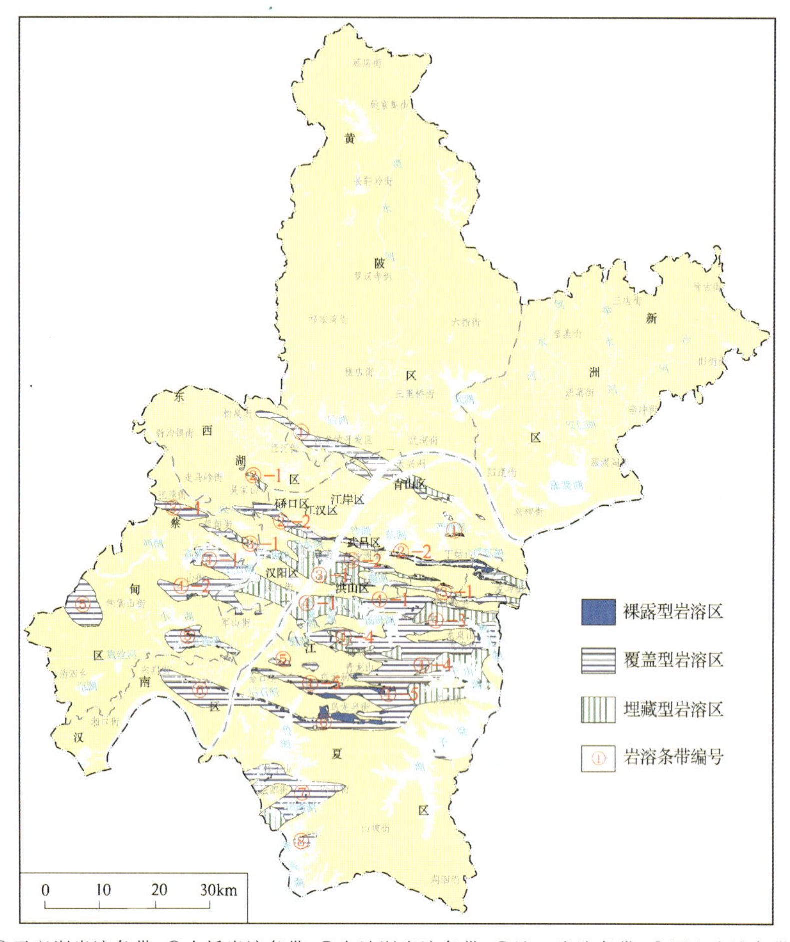

①天兴洲岩溶条带；②大桥岩溶条带；③白沙洲岩溶条带；④沌口岩溶条带；⑤军山岩溶条带；
⑥金水闸岩溶条带；⑦老桂子山岩溶条带；⑧斧头湖岩溶条带

图 3-1 武汉市岩溶条带发育空间位置图

1. 天兴洲岩溶条带

该条带主要位于东西湖区柏泉街—黄陂区盘龙城开发区—天兴洲—青山区严西湖北侧一带天兴洲向斜核部，南北宽度 1.6～2.5km，分布面积约 83.08km²，占岩溶总面积的 6.95%。

2. 大桥岩溶条带

该条带主要位于东西湖吴家山—汉阳区汉江南侧—东湖—洪山区左岭街一带，分布面积约76.17km²，占岩溶总面积的 6.37%。该条带包含一大一小、一南一北两条延伸方向一致的亚条带，西北侧东西湖吴家山发育一小型条带(②-1)，位于吴家山向斜核部；较大的岩溶条带

(②-2)位于大桥倒转向斜的核部，南北宽度 0.8～2.2km。

3. 白沙洲岩溶条带

该条带主要位于蔡甸区张湾街—汉阳江堤街—南湖—左岭镇一带，新隆-豹子澥复式倒转向斜的核部，分布面积约 141.90km^2，占岩溶总面积的 11.79%，南北宽度 0.63～5.72km。该条带包含一北一南两个延伸方向一致的亚条带，北侧条带(③-2)位于次级褶皱荷叶山向斜核部，南侧条带(③-1)位于新隆-豹子澥复式倒转向斜的核部。

4. 沌口岩溶条带

该条带主要位于蔡甸区高湖、后官湖—汉阳区沌口—青菱湖—汤逊湖—牛山湖—滨湖街—金口街一带，分布面积约 579.22km^2，占岩溶总面积的 48.46%。该条带包含 5 个延伸方向一致的亚条带，最大的第一亚条带(④-1)位于沌口向斜核部至翼部，分布于北侧的蔡甸区高湖—汉阳区沌口街—洪山区青菱湖—江夏区佛祖岭街一带；第二亚条带(④-2)位于南湾湖向斜核部，分布于条带西端南侧蔡甸区奓山街一带；第三亚条带(④-3)位于流芳-庙岭向斜核部，分布于东端中部的汤逊湖中部—鸭儿湖一带；第四亚条带(④-4)位于马场咀向斜北翼，分布于江夏区青菱湖南侧—汤逊湖南侧—牛山湖一带；第五亚条带(④-5)位于金口向斜核部，分布于江夏区金口街—滨湖街一带。

5. 军山岩溶条带

该条带主要位于官莲湖—长江东侧金口街一带，大军山向斜核部，分布面积约 77.46km^2，占岩溶总面积的 6.48%。

6. 金水闸岩溶条带

该条带主要位于汉南区东荆街—江夏区后石湖—乌龙泉街一带，大咀-鲁湖向斜北翼部，南北宽度 1.29～4.90km，分布面积约 127.70km^2，占岩溶总面积的 10.68%。

7. 老桂子山岩溶条带

该条带主要位于江夏法泗街—江夏区安山街一带，分布面积约 95.13km^2，占岩溶总面积的7.96%。该条带包含 3 个延伸方向一致的亚条带，第一亚条带位于老桂子山背斜北翼部，分布于条带北侧的法泗街北部；第二亚条带位于老桂子山向斜核部，分布于法泗街南部；第三亚条带位于汤家墩-梁子湖向斜两翼部，分布于南侧的团墩湖—安山街一带。

8. 斧头湖岩溶条带

该条带主要位于斧头湖一带，构造部位于汤家墩-梁子湖向斜南翼部，分布面积约 15.62km^2，占岩溶总面积的 1.31%。

第二节 岩溶埋藏类型

按照岩溶埋藏条件，武汉市岩溶主要包括裸露型岩溶、覆盖型岩溶和埋藏型岩溶等类型(图 3-1)。裸露型岩溶多为构造剥蚀残丘；覆盖型岩溶指碳酸盐岩大部分被第四系沉积物覆盖；埋藏型岩溶指碳酸盐类岩层之上直接有新近系、白垩-古近系泥岩与泥质砂岩覆盖，由于覆盖层相对较厚，地表岩溶现象一般不可见，而在地下深处发育溶洞、溶蚀裂隙等。

1. 裸露型岩溶

裸露型岩溶主要位于大桥岩溶条带、白沙洲岩溶条带的东侧，沌口岩溶条带的南部以及金水闸岩溶条带的中部、东部，多沿条带呈东西向零星分布，出露于蒋家山、白云洞、青龙山、岳林山、丁菇山、龙泉山、赤矶山、桂子山、潘李家、蜀山村、乌龙泉矿区、灵山、狮子山、青龙山一带。面积约37.42km^2，占岩溶总面积的3.13%。

2. 覆盖型岩溶

覆盖型岩溶分布较广，主要位于天兴洲岩溶条带除东南侧一带、大桥岩溶条带除东侧局部地区外；白沙洲岩溶条带的西段蔡甸区张湾街—蔡甸街一带，汉阳区三角湖、江堤街，洪山区白沙洲街等地，南湖东侧—左岭街一带；沌口岩溶条带的西侧蔡甸街—后官湖，江夏区汤逊湖—龙泉街一带，金口街—青龙山等地区；军山岩溶条带全部地区；金水闸岩溶条带绝大部分地区；老桂子山岩溶条带除西南角外其余大部分地区；斧头湖岩溶条带的东段。面积约859.06km^2，占岩溶总面积的71.87%。

3. 埋藏型岩溶

埋藏型岩溶主要位于白沙洲岩溶条带中部的汉阳区墨水湖南侧—南湖一带；沌口岩溶条带的北侧长江沿岸的汉阳区沌口街—汤逊湖西北部，条带东侧佛祖岭街、牛山湖—滨湖街等地，在紧邻其他河流、湖泊及周边部分区域零星分布。面积约298.82km^2，占岩溶总面积的25%。

第三节　岩溶地层层组类型

岩溶地层层组类型划分主要考虑碳酸盐岩岩层厚度比例、连续厚度及其组合形式等。

1. 岩石成分分类

根据碳酸盐矿物与非碳酸盐矿物的相对含量，岩石可划分为如下三大类：

(1)非碳酸盐岩，非碳酸盐矿物含量>50%，碳酸盐矿物含量<50%。

(2)不纯碳酸盐岩，非碳酸盐矿物含量10%～50%，碳酸盐矿物含量50%～90%。

(3)纯碳酸盐岩，非碳酸盐矿物含量<10%，碳酸盐矿物含量>90%。

在纯碳酸盐岩中，碳酸盐岩主要由沉积碳酸盐矿物方解石、白云石组成。根据方解石与白云石的相对含量，纯碳酸盐岩可再划分为4类：

①石灰岩，方解石含量>75%，白云石含量<25%。②白云质灰岩，方解石含量50%～75%，白云石含量25%～50%。③灰质白云岩，方解石含量25%～50%，白云石含量50%～75%。④白云岩，方解石含量<25%，白云石含量>75%。

2. 岩层组合形式

根据碳酸盐岩厚度比例，按岩溶沉积组合类型划分标准岩层组合形式，可划分为以下3类：

(1)连续式，碳酸盐岩连续厚度>200m。

(2)间层式，碳酸盐岩连续厚度50～200m。

(3)互层式和夹层状，碳酸盐岩连续厚度<50m。

3. 岩溶地层层组类型划分

根据岩石成分和岩层组合形式统计结果，以岩层组合形式和碳酸盐矿物与非碳酸盐矿物相对含量为标准划分岩溶层组(类)；以碳酸盐岩矿物组成成分划分岩溶层组(型)，武汉市岩溶地层层组类型可分为2类4型(表3-1)。

表3-1　武汉市岩溶地层层组类型一览表

岩溶层组(类)	岩溶层组(型)	地层代号	岩性特征
连续式纯碳酸盐岩组合	纯灰岩岩组	C_2h	岩性以灰岩、生物屑灰岩为主，生物屑以蓝藻类和棘皮类为主，为开阔台地相碳酸盐岩沉积，底部整合于大埔组
		P_2q	岩性主要为生物屑灰岩、瘤状碳质灰岩和燧石结核灰岩，间夹碳质页岩、燧石条带等。生物碎屑主要为腕足类、棘皮类及介形虫、蓝藻类，生物屑含量由下而上减少
间层式不纯碳酸盐岩组合	灰岩夹泥岩、页岩岩组	T_1d	中上部为砂屑灰岩、颗粒灰岩、鲕粒灰岩、白云质灰岩夹有薄层灰泥岩，底部为黄绿色页岩夹灰泥岩，为一套滨海相碳酸盐岩沉积
	白云岩夹白云质角砾岩岩组	C_2d	岩性主要为泥晶白云岩、生物屑微晶白云岩及白云质角砾岩，白云质角砾岩多位于底部
	白云岩、白云质灰岩夹岩溶角砾岩、灰泥岩岩组	$T_{1-2}j$	下部和上部为状白云岩夹“岩溶角砾岩”。中部为灰泥岩夹白云质灰岩，为局限台地相—开阔台地相—局限台地相沉积，底部整合于大冶组

第四节　岩溶发育形态特征及程度

1. 岩溶发育形态特征

武汉市岩溶发育形态主要为溶洞、溶蚀裂隙、溶槽及小溶孔等。溶洞以小规模为主，较大规模的溶洞较少，洞高多数在4.0m以内，约占溶洞总数的91.3%(图3-2)。溶洞最大洞高10.2m，最小洞高0.1m，平均洞高约1.42m。大多溶洞呈全充填或半充填状态，约占溶洞总数的71.6%，充填物一般为黏性土、砂、黏性土夹碎石、方解石矿物晶体颗粒或黏性土夹灰岩碎块；小部分溶洞无充填，约占溶洞总数的28.4%。

武汉市地表岩溶现象极少，仅在蒋家山、白云洞、青龙山等地可见碳酸盐岩出露，出露地层主要有中二叠统栖霞组灰岩及上石炭统黄龙组白云质灰岩，发育溶洞、溶沟、溶槽及天窗、岩溶洼地等；仅在牌楼舒村和蒋家山出露有下三叠统大冶组灰岩，为人工采石后遗留边坡，岩溶现象有溶孔、溶隙、溶坑、溶洞等(图3-3～图3-6)，未见大型溶洞、溶蚀裂隙。

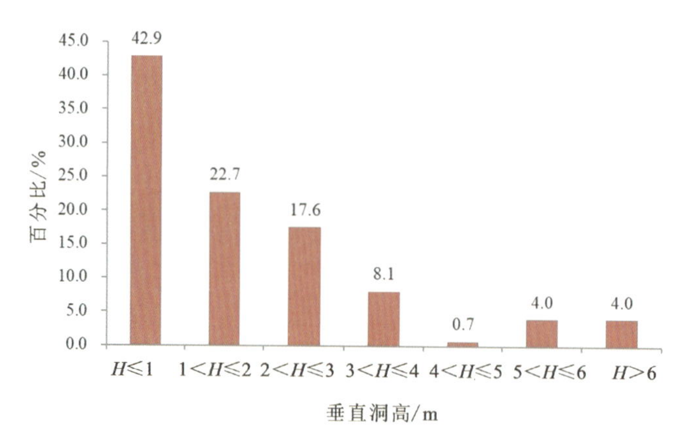

图 3-2　不同垂直洞高溶洞数量百分比

图 3-3　岩芯中的溶孔

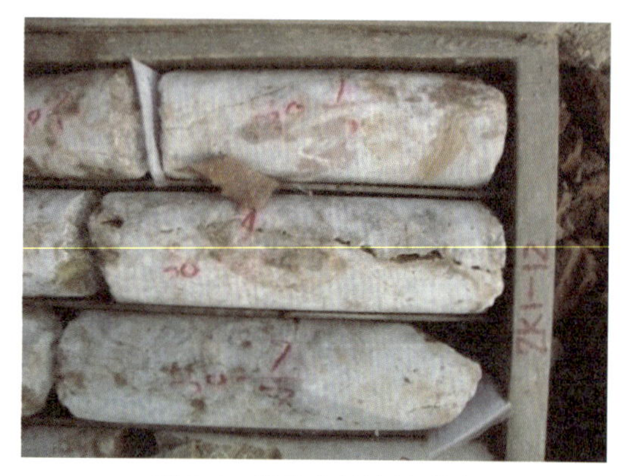

图 3-4　岩芯中的溶蚀裂隙

图 3-5　岩芯中的溶洞及充填物

图 3-6　岩芯中的溶洞及溶蚀裂隙

白云洞和龙泉山出露岩溶规模相对较大，溶蚀现象较明显。白云洞位于武汉市武昌区石洞街，出露灰岩主要为上石炭统黄龙组白云质灰岩，出露面积约 0.15km^2，内部发育有面积约 1.8 万 m^2 岩溶洼地及溶洞。溶洞主洞长 121.2m，高 5.1～6.3m，进口与岩溶洼地相连，中部发育岩溶天窗(图 3-7、图 3-8)。龙泉山位于武汉市江夏区龙泉乡，出露灰岩主要为中二叠统栖霞组灰岩及上石炭统黄龙组白云质灰岩，主要发育较大型的溶蚀裂隙(图 3-9、图 3-10)。栖霞组灰岩中大型溶蚀裂隙产状 235°∠80°，可见长度约 4m，宽度 0.6～0.8m，直立，张开，红褐色泥质充填；黄龙组白云质灰岩中大型溶蚀裂隙产状 170°∠72°，可见长度 3～8m，宽度 0.1～0.4m，密度 2～3 条/m，直立，张开，红褐色泥质充填。

图 3-7　白云洞溶蚀现象

图 3-8　纸坊镇白云洞溶蚀现象

图 3-9　龙泉山灰岩裂隙(一)

图 3-10　龙泉山灰岩裂隙(二)

2. 岩溶发育特征

岩溶发育程度是岩溶地质条件的综合反映。参照中国地质调查局技术标准《岩溶塌陷调查规范(1∶50 000)》，以碳酸盐岩的岩性和沉积组合特征为基础，结合区域地质构造，以钻孔线岩溶率为划分指标，进行岩溶发育程度分区(图 3-11)，确定面域岩溶发育强度和范围。

岩溶强发育区面积约 292.96km^2，占岩溶分布总面积的 24.5%。该区地形较平坦，地貌多为平原、岗地；上覆土体的结构以单层或双层为主；断裂发育；水系密集；区内大部分钻孔的线岩溶率大于 10%。发生的岩溶塌陷均分布于该区域内。

岩溶中等发育区面积约 266.8km^2，占岩溶分布总面积的 22.3%。该区地貌多为垄岗、丘陵。上覆土层的结构以单层为主；区内大部分钻孔的线岩溶率在 3%～10%范围内，局部发育有溶洞。区内目前未发生岩溶塌陷。

岩溶弱发育区面积约 596.68km^2，占岩溶分布总面积的 49.9%。该区地貌多为平原、垄岗；上覆土层结构以单层或 3 层为主；区内大部分钻孔的线岩溶率小于 3%。区内目前未发生岩溶塌陷。

总体上，武汉市平均线岩溶率为5.92%，遇洞率21.5%，属于岩溶中等发育，岩溶发育程度不均。

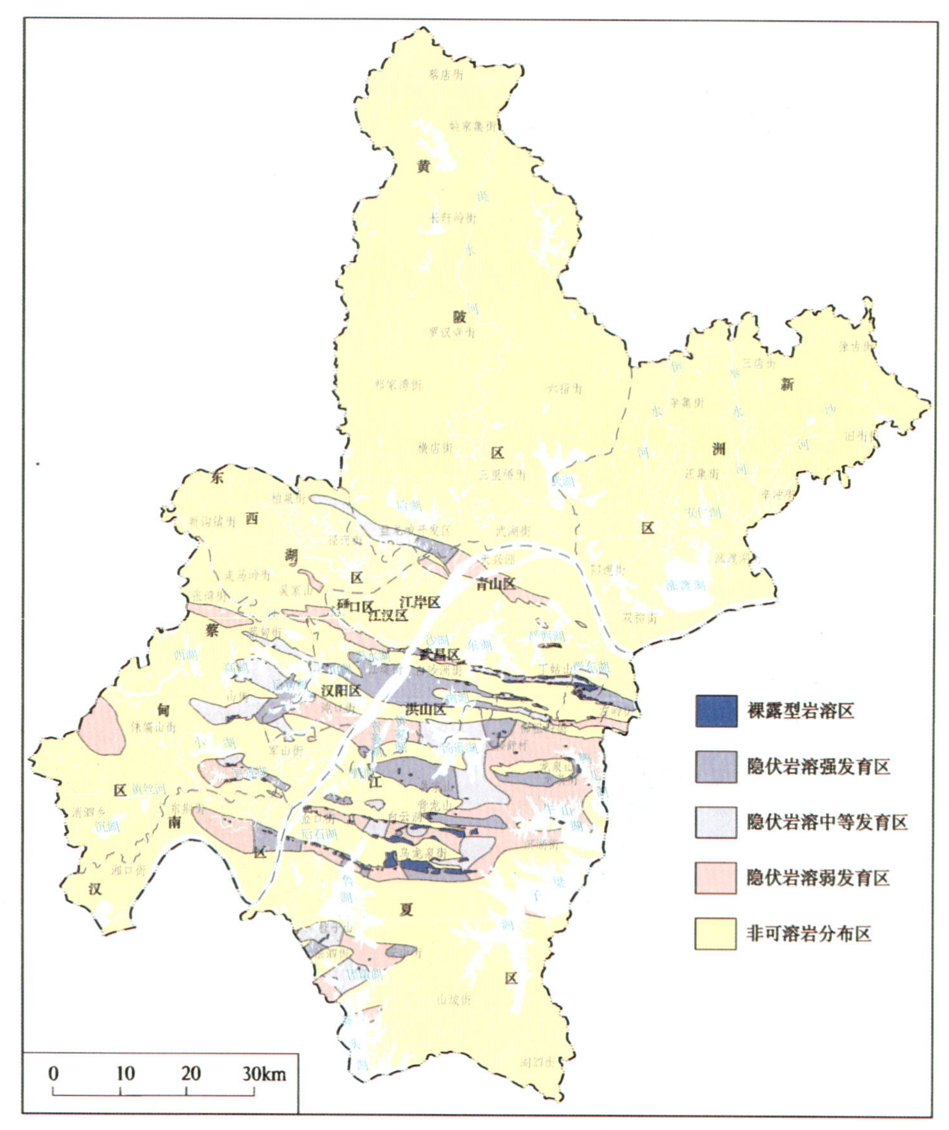

图3-11　武汉市岩溶发育程度分区图

武汉市岩溶发育特征还可按照高程、地层年代及岩溶条带分别进行统计分析。

1)按照高程统计分析

武汉市岩溶多沿层面和裂隙发育，受地壳升降运动影响，岩溶现象具多期性，在垂向上有一定的分带性。按照高程统计分析线岩溶率和钻孔遇洞率，武汉市岩溶主要发育在高程－95m以上地层(图3-12、图3-13)。

在＞20m、10～15m高程范围内为岩溶强发育段，钻孔中见溶洞及岩溶现象的最多，线岩溶率＞10%，钻孔遇洞率＞20%；15～20m、10～－50m等高程范围内，10%＞线岩溶率＞3%，20%＞钻孔遇洞率＞5%，为岩溶中等发育段；在其余高程范围，岩溶及溶洞发育相对较少，为岩溶弱发育段。

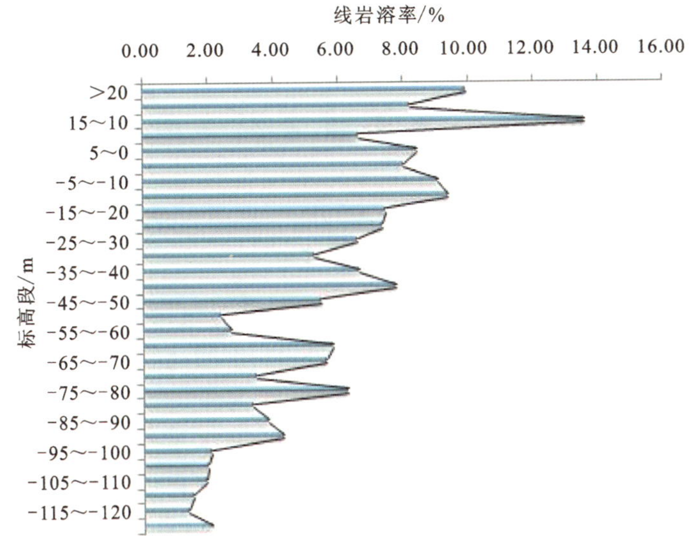

图 3-12 线岩溶率与高程关系图

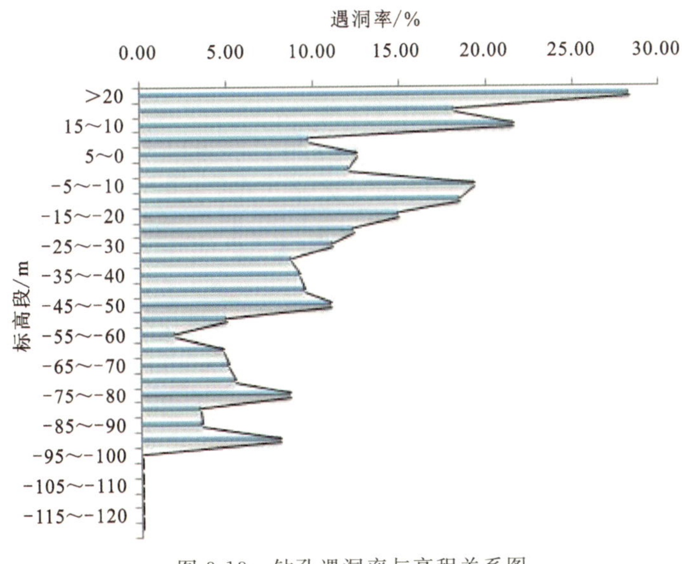

图 3-13 钻孔遇洞率与高程关系图

2)按照地层统计分析

按照地层地质年代统计分析线岩溶率，由大到小依次为中二叠统栖霞组(平均线岩溶率7.69%)>下三叠统大冶组(平均线岩溶率7.52%)>上石炭统黄龙组和大埔组(平均线岩溶率6.69%)>中下三叠统嘉陵江组(平均线岩溶率6.06%)。武汉市可溶岩地层岩溶发育强度分级与线岩溶率大小分级基本一致。

3)按照岩溶条带统计分析

不同岩溶条带地层岩性、地质构造、古地理环境和地下水运动条件不同，其岩溶发育程度也有一定差异。按照岩溶条带统计分析平均线岩溶率，岩溶发育程度依次为：沌口岩溶条带(平均线岩溶率24.84%)>白沙洲岩溶条带(平均线岩溶率13.17%)>大桥岩溶条带(平均线岩溶率9.87%)>军山岩溶条带(平均线岩溶率9.84%)>天兴洲岩溶条带(平均线岩溶率

8.47%)＞老桂子山岩溶条带(平均线岩溶率7.43%)＞金水闸岩溶条带(平均线岩溶率5.90%)＞斧头湖岩溶条带(平均线岩溶率0.35%)。

第五节 岩溶发育影响因素

岩溶发育主要受地质构造、地层岩性、岩溶作用、岩溶水动力条件等因素影响。

1. 地质构造影响

(1)向斜对岩溶发育的影响。向斜地质构造中的核部弯曲程度、轴面产状和褶皱倾伏角是确定裂隙发育程度的主要依据。褶皱不同部位变形机制不同,岩体破碎程度不同,也直接影响到岩溶发育。褶皱构造中的向斜核部或转折端岩石一般破碎,有利于大气降水与地表水入渗和径流,形成强径流带,有利于岩溶发育。

以武汉市新隆-豹子澥复式倒转向斜为例,该向斜呈东西向展布,分别于北港咀和汤家山扬起。向斜枢组倾伏角急剧变化,在向斜核部产生次生压力会形成南北向压性断裂,向斜核部易形成网格状裂隙系统。后期差异性隆升,导致压性断裂向张性转化,进而导致新隆-豹子澥复式倒转向斜中节理裂隙发育。节理裂隙发育程度影响大气降水或地表水向地下水入渗,进而影响岩溶发育程度。

(2)断层对岩溶发育的影响。断层延伸方向及规模会控制岩溶发育延伸方向与岩溶发育程度。断层影响带内岩体破碎,裂隙连通性好,利于溶蚀、侵蚀作用发展,岩溶发育程度较强。

武汉市主要发育近东西向和北北东向断裂(图2-1),断层下盘为志留系坟头组页岩,透水性弱;断层上盘为三叠系大冶组碳酸盐岩,透水性强。由于下盘阻水作用,形成沿断裂裂隙的近东西向和北北东向强径流带,进而形成了良好的地下水径流网络,发生水岩作用,加速岩溶发育。武汉市新隆-豹子澥复式倒转向斜核部沿江毛坦港—陆家街地段为近东西向断裂(吴家山-花山断裂)和北北西向断裂(长江断裂、蒋家墩-青菱湖断裂)交会地段岩溶发育强烈即是典型案例。

2. 地层岩性影响

地层岩性组合对岩溶发育有重要影响。碳酸盐岩岩性越纯、连续分布厚度越大,对岩溶发育越有利,而不溶岩夹层往往对岩溶发育起阻断作用。武汉市在上石炭统黄龙组、大埔组和中二叠统栖霞组中碳酸盐岩整体纯度较高,方解石和白云石含量超过95%,为岩溶发育提供了较好的基础条件。

中二叠统栖霞组中局部夹砂、燧石条带和页岩等不可溶岩,而下三叠统大冶组和中下三叠统嘉陵江组有页岩、灰泥岩、泥质条带等不可溶岩夹层。

3. 岩溶作用影响

晚三叠世—侏罗纪,受印支期形成的褶皱构造影响,武汉市可溶岩分别在向斜核部和翼部出露地表,受地表水侵蚀,形成溶沟、溶槽等地表岩溶现象;同时,地表水入渗及地下水侵蚀,地下岩溶系统逐渐发育,形成第一期岩溶地质现象。新近纪—早更新世,受喜马拉雅运动影响,武汉市总体隆升,上覆白垩系—古近系红砂岩盖层遭受剥蚀,局部地段出露地表,发生第二期岩溶作用,可溶岩与红砂岩不整合接触带层理发育,红砂岩为地下水提供滞留场所和径流通道,为岩溶发育创造有利条件,加剧溶蚀作用。

4. 岩溶水动力条件影响

岩溶水动力条件是控制岩溶发育最活跃、最关键的因素。水动力条件越好，水侵蚀能力越强，岩溶越发育。

长江一级阶地岩溶发育相对强烈。以白沙洲条带为例，长江深纵切穿上部第四系含水层，江水直接与孔隙水联通，两者具有明显的水力联系；在白沙洲条带局部地段，可溶岩与上覆第四系粉砂层直接接触，松散岩类孔隙水与碳酸盐岩裂隙岩溶水水力联系密切。受长江水位影响，岩溶水水动力条件强，易加强岩溶发育。

5. 新构造运动对岩溶发育的影响

新构造运动加剧长江沿岸溶蚀发育。武汉市中更新世末—晚更新世初，长江断裂切穿基岩横亘，形成古长江；到晚更新世，降水量增加，长江流量增大，随着地壳上下垂直差异运动，河床下切及水平摆动强烈，地下水侵蚀基准面随之变化，地表水、地下水交换频繁，加强了长江沿岸地下溶蚀发育。沿长江东岸，长江断裂 4km 范围内，线岩溶率为 11.29%；4km 范围外，线岩溶率为 8.46%。

第四章 岩溶塌陷基本概况

第一节　岩溶塌陷事件概述

最早记录的武汉市岩溶塌陷事件发生于1931年8月，位于武汉市武昌区丁公庙附近，但记录较为简单；自1977以来，针对武汉市岩溶塌陷事件均有详细的记录资料。截至2018年底，武汉市有详细记录的岩溶塌陷共33处(图4-1，表4-1)。

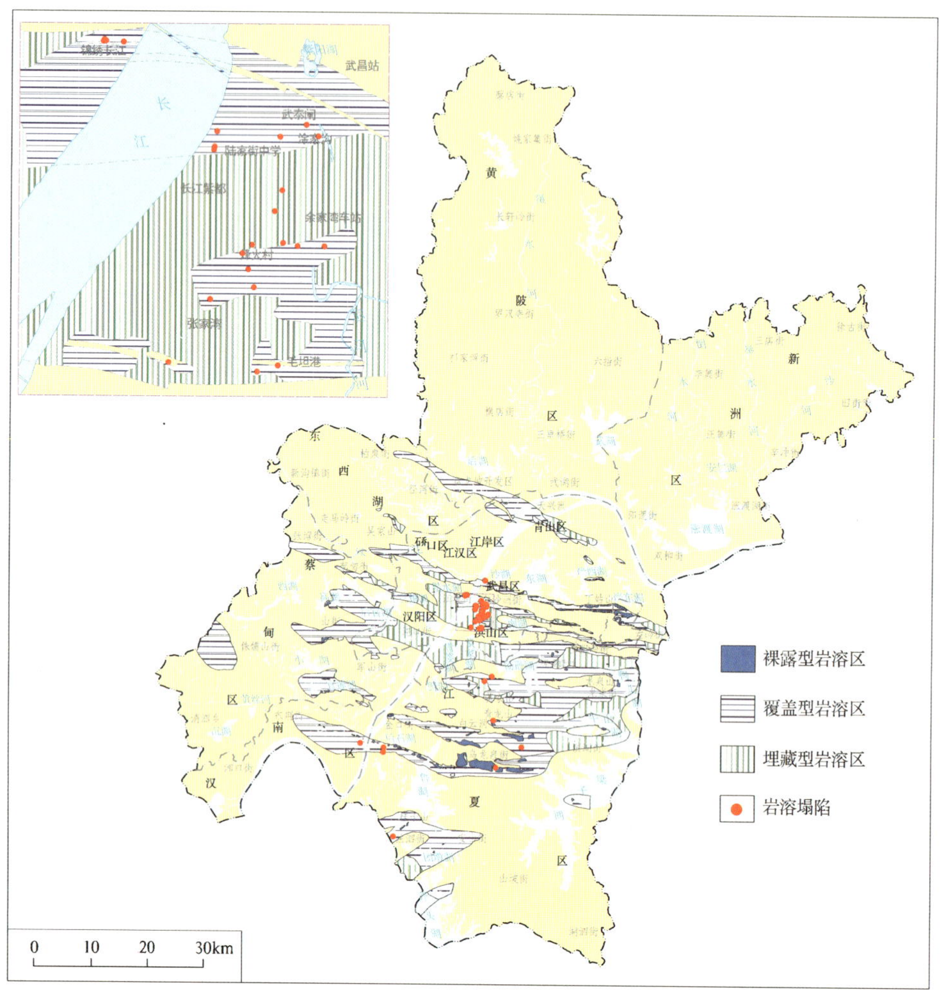

图4-1　武汉市历次岩溶塌陷空间位置分布图

表4-1　武汉市历次岩溶塌陷发生位置时间一览表

序号	岩溶塌陷名称	发生时间
1	武昌区丁公庙岩溶塌陷	1931年8月
2	汉阳区中南轧钢厂岩溶塌陷	1977年9月
3	武昌区阮家巷岩溶塌陷	1983年7月
	武昌区阮家巷岩溶塌陷	2005年8月22日

续表 4-1

序号	岩溶塌陷名称	发生时间
4	武昌区陆家街岩溶塌陷	1988 年 5 月 10—11 日
5	江夏区金口街金水一村岩溶塌陷	1994 年 6 月 3 日
6	洪山区毛坦港小学岩溶塌陷	1999 年 4 月 22 日
7	武昌区涂家沟武汉市司法学校岩溶塌陷	2000 年 2 月 22 日
8	洪山区青菱乡烽火村乔木湾岩溶塌陷	1997 年
	洪山区青菱乡烽火村乔木湾岩溶塌陷	2000 年 3 月
	洪山区青菱乡烽火村乔木湾岩溶塌陷	2000 年 4 月 6—11 日
	洪山区青菱乡烽火村乔木湾岩溶塌陷	2005 年 8 月 10 日
9	江夏区乌龙泉京广线 1241＋070 岩溶塌陷	2001 年 5 月 30 日
10	武昌区阮家巷长江紫都花园岩溶塌陷	2006 年 4 月 9 日
11	汉南区纱帽街陡埠村岩溶塌陷	2008 年 2 月 29 日
12	武昌区白沙洲大道武泰闸岩溶塌陷	2009 年 6 月 10 日
	武昌区白沙洲大道武泰闸岩溶塌陷	2009 年 12 月 16 日
13	武昌区白沙洲大道烽火村段岩溶塌陷	2009 年 6 月 17 日
	武昌区白沙洲大道烽火村段岩溶塌陷	2009 年 6 月 27 日
14	洪山区白沙洲大道张家湾段岩溶塌陷	2009 年 11 月 24 日
15	洪山区烽火村钢材市场白沙洲大道 Z118＃墩岩溶塌陷	2009 年 12 月 22 日
16	洪山区青菱乡光霞村五组岩溶塌陷	2010 年 1 月 28 日
17	洪山区青菱乡烽火村白沙洲大道佳韵小区岩溶塌陷	2010 年 4 月 18 日
18	洪山区南湖变电站岩溶塌陷	2010 年 7 月 19 日
19	洪山区红旗欣居 B 区岩溶塌陷	2011 年 5 月 5 日
20	武昌区积玉桥武汉市民政学校岩溶塌陷	2011 年 12 月 12 日
21	江夏区金水农场金水办事处农科所菜地岩溶塌陷	2012 年 11 月 2 日
22	洪山区毛坦港某工地岩溶塌陷	2013 年 4 月 14 日
23	汉阳区拦江路某工地岩溶塌陷	2013 年 12 月 26 日
24	江夏区大桥新区某工地岩溶塌陷	2014 年 5 月 2 日
25	洪山区张家湾街烽火村还建地块岩溶塌陷	2014 年 6 月 4—26 日
26	江夏区法泗街长虹村、八塘村岩溶塌陷	2014 年 9 月 5 日

续表 4-1

序号	岩溶塌陷名称	发生时间
27	汉阳区鹦鹉大道乐福园酒楼锦绣长江店北岩溶塌陷	2015 年 8 月 10 日
28	汉阳区鹦鹉大道地铁 6 号线 K12+583 岩溶塌陷	2015 年 8 月 7 日
29	武汉东方明浒混凝土有限公司厂区岩溶塌陷	2016 年 2 月 25 日
30	洪山区张家湾街烽火村岩溶塌陷	2016 年 6 月 4 日
31	洪山区烽胜路保利·新武昌段岩溶塌陷	2017 年 5 月 23 日
32	江夏区纸坊街青龙南路实验高中岩溶塌陷	2018 年 3 月 16 日
	江夏区纸坊街青龙南路实验高中岩溶塌陷	2018 年 9 月 7 日
33	江夏区纸坊街一人行道路岩溶塌陷	2018 年 11 月 3 日

第二节　岩溶塌陷时空分布特征

一、岩溶塌陷空间分布特征

武汉市历次岩溶塌陷主要集中在武汉市洪山区和武昌区等中心城区，汉阳区和江夏区也均有分布(图 4-1)。近年来，随着武汉市城区范围的不断扩大以及远城区城镇化的不断推进，岩溶塌陷也有向远郊新城区扩散的趋势。

按照地貌类型、岩溶条带、地层、岩溶埋藏类型等统计，武汉市岩溶塌陷在空间上的表现特征情况如表 4-2 所示。

表 4-2　武汉市岩溶塌陷空间表现特征一览表

序号	岩溶塌陷名称	地形地貌	岩溶条带	地层	岩溶类型
1	武昌区丁公庙岩溶塌陷	冲积平原	白沙洲岩溶条带	中下三叠统大冶组—嘉陵江组	覆盖型
2	汉阳区中南轧钢厂岩溶塌陷	冲积平原	白沙洲岩溶条带	中二叠统栖霞组	覆盖型
3	武昌区阮家巷岩溶塌陷	冲积平原	白沙洲岩溶条带	中下三叠统大冶组—嘉陵江组	覆盖型
4	武昌区陆家街岩溶塌陷	冲积平原	白沙洲岩溶条带	中下三叠统大冶组—嘉陵江组	覆盖型
5	江夏区金口街金水一村岩溶塌陷	冲积平原	金水闸岩溶条带	中下三叠统大冶组—嘉陵江组	覆盖型
6	洪山区毛坦港小学岩溶塌陷	冲积平原	白沙洲岩溶条带	中二叠统栖霞组	覆盖型

续表 4-2

序号	岩溶塌陷名称	地形地貌	岩溶条带	地层	岩溶类型
7	武昌区涂家沟武汉市司法学校岩溶塌陷	冲积平原	白沙洲岩溶条带	中下三叠统大冶组—嘉陵江组	覆盖型
8	洪山区青菱乡烽火村乔木湾岩溶塌陷	冲积平原	白沙洲岩溶条带	中下三叠统大冶组—嘉陵江组	覆盖型
9	江夏区乌龙泉京广线 1241＋070 岩溶塌陷	岗状平原	金水闸岩溶条带	中二叠统栖霞组	覆盖型
10	武昌区阮家巷长江紫都花园岩溶塌陷	冲积平原	白沙洲岩溶条带	中下三叠统大冶组—嘉陵江组	覆盖型
11	汉南区纱帽街陡埠村岩溶塌陷	冲积平原	金水闸岩溶条带	中下三叠统大冶组—嘉陵江组	覆盖型
12	武昌区白沙洲大道武泰闸岩溶塌陷	冲积平原	白沙洲岩溶条带	中下三叠统大冶组—嘉陵江组	覆盖型
13	武昌区白沙洲大道烽火村段岩溶塌陷	冲积平原	白沙洲岩溶条带	中下三叠统大冶组—嘉陵江组	埋藏型
14	洪山区白沙洲大道张家湾段岩溶塌陷	冲积平原	白沙洲岩溶条带	中下三叠统大冶组—嘉陵江组	覆盖型
15	洪山区烽火村钢材市场白沙洲大道 Z118＃墩岩溶塌陷	冲积平原	白沙洲岩溶条带	中下三叠统大冶组—嘉陵江组	覆盖型
16	洪山区青菱乡光霞村五组岩溶塌陷	冲积平原	白沙洲岩溶条带	中下三叠统大冶组—嘉陵江组	覆盖型
17	洪山区青菱乡烽火村白沙洲大道佳韵小区岩溶塌陷	冲积平原	白沙洲岩溶条带	中下三叠统大冶组—嘉陵江组	覆盖型
18	洪山区南湖变电站岩溶塌陷	冲积平原	白沙洲岩溶条带	中下三叠统大冶组—嘉陵江组	覆盖型
19	洪山区红旗欣居 B 区岩溶塌陷	冲积平原	白沙洲岩溶条带	中下三叠统大冶组—嘉陵江组	覆盖型
20	武昌区积玉桥武汉市民政学校岩溶塌陷	冲积平原	大桥岩溶条带	中二叠统栖霞组	覆盖型
21	江夏区金水农场金水办事处农科所菜地岩溶塌陷	冲积平原	金水闸岩溶条带	中下三叠统大冶组—嘉陵江组	覆盖型

续表 4-2

序号	岩溶塌陷名称	地形地貌	岩溶条带	地层	岩溶类型
22	洪山区毛坦港某工地岩溶塌陷	冲积平原	白沙洲岩溶条带	中下三叠统大冶组—嘉陵江组	埋藏型
23	汉阳区拦江路某工地岩溶塌陷	冲积平原	白沙洲岩溶条带	中二叠统栖霞组	覆盖型
24	江夏区大桥新区某工地岩溶塌陷	岗状平原	沌口岩溶条带	中下三叠统大冶组—嘉陵江组	覆盖型
25	洪山区张家湾街烽火村还建地块岩溶塌陷	冲积平原	白沙洲岩溶条带	中下三叠统大冶组—嘉陵江组	覆盖型
26	江夏区法泗街长虹村、八塘村岩溶塌陷	冲积平原	老桂子山岩溶条带	上石炭统黄龙组	覆盖型
27	汉阳区鹦鹉大道乐福园酒楼锦绣长江店北岩溶塌陷	冲积平原	白沙洲岩溶条带	中二叠统栖霞组	覆盖型
28	汉阳区鹦鹉大道地铁 6 号线 K12+583 岩溶塌陷	冲积平原	白沙洲岩溶条带	中二叠统栖霞组	覆盖型
29	武汉东方明浒混凝土有限公司厂区岩溶塌陷	岗状平原	沌口岩溶条带	中下三叠统大冶组—嘉陵江组	覆盖型
30	洪山区张家湾街烽火村岩溶塌陷	冲积平原	白沙洲岩溶条带	中下三叠统大冶组—嘉陵江组	覆盖型
31	洪山区烽胜路保利·新武昌段岩溶塌陷	冲积平原	白沙洲岩溶条带	中下三叠统大冶组—嘉陵江组	覆盖型
32	江夏区纸坊街青龙南路实验高中岩溶塌陷	岗状平原	沌口岩溶条带	中二叠统栖霞组	覆盖型
33	江夏区纸坊街一人行道路岩溶塌陷	岗状平原	沌口岩溶条带	中下三叠统大冶组—嘉陵江组	覆盖型

按地貌统计，有 28 处岩溶塌陷发生于冲积平原（长江一级阶地），有 5 处岩溶塌陷发生于岗状平原（表 4-2）。

按照岩溶条带统计，大桥岩溶条带发生岩溶塌陷仅 1 处，占总岩溶塌陷点的 3.03%；白沙洲岩溶条带发生岩溶塌陷 23 处；沌口岩溶条带发生岩溶塌陷 4 处；金水闸岩溶条带发生岩溶塌陷4 处；老桂子山岩溶条带发生岩溶塌陷 1 处；其他岩溶条带，至今还未发生岩溶塌陷。

按地层统计，武汉市岩溶塌陷大多数发生于中下三叠统大冶组—嘉陵江组灰岩中，共 24 处，且主要沿大冶组灰岩与其他地层的接触带发育；在中二叠统栖霞组，发生 8 处；在上石炭统黄龙组，仅发生 1 处。

按岩溶埋藏类型统计，武汉市岩溶塌陷多发生于覆盖型岩溶区，共31处，如烽火村钢材市场、乔木湾等处岩溶塌陷；仅2处发生在埋藏型岩溶区。

二、岩溶塌陷时间分布特征

武汉市岩溶塌陷主要发生于2005年以后，并呈逐年高发态势，且发生频率越来越高，间隔越来越短。从2009年至2018年，每年均有岩溶塌陷事件发生，2009年高达6次(图4-2)。

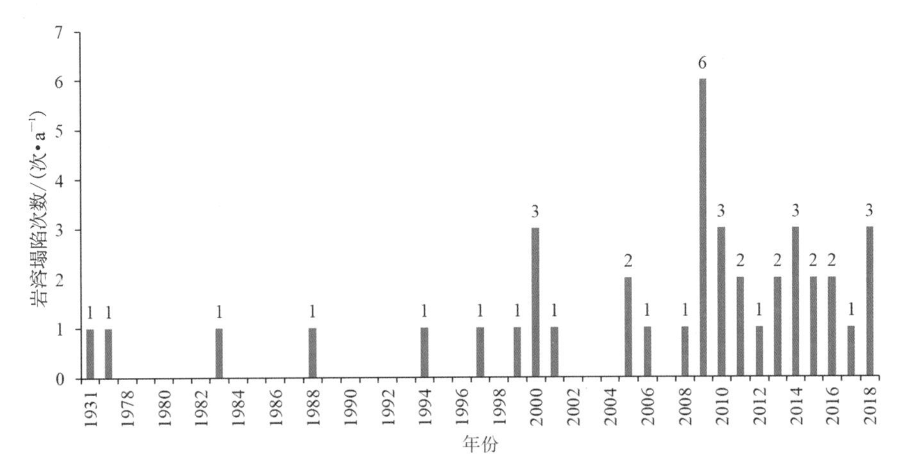

图4-2　武汉市1931—2018年度岩溶塌陷次数统计柱状图

武汉市岩溶塌陷事件主要是由于人类活动的影响，塌陷发生月份与塌陷次数之间关联性小，无明显规律(图4-3)。

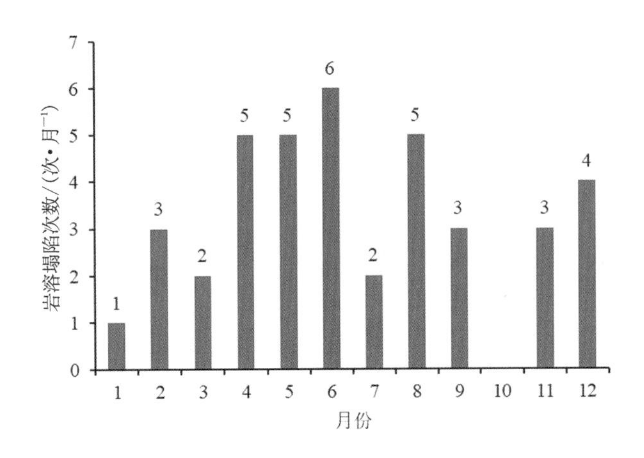

图4-3　塌陷发生月份与塌陷次数关系图

(注：1977年烽火村未纳入统计)

第三节　岩溶塌陷规模及形态特征

一、岩溶塌陷规模特征

根据岩溶塌陷事件发生时塌陷坑的几何形状(直径)、一次塌陷过程中塌陷坑的数量以及影响范围，可将岩溶塌陷规模划分为大型、中型和小型3种类型(表4-3)。

表4-3 岩溶塌陷规模等级划分一览表

分类指标	类型		
	大型	中型	小型
塌陷坑直径/m	>50	10～50	<10
塌陷坑数量/个	>20	5～20	<5
影响范围/hm^2	>10	1～10	<1

塌陷坑直径一般为2～54m，塌陷坑数量为1～19个不等，影响范围为0.004～5hm^2(表4-4)。按表4-3中的等级划分统计，武汉市发生大型岩溶塌陷有3次，占总塌陷次数的7.69%；发生中型岩溶塌陷有24次，占总岩溶塌陷次数的61.54%；发生小型岩溶塌陷有12次，占总岩溶塌陷次数的30.77%。

表4-4 武汉市岩溶塌陷规模一览表

序号	岩溶塌陷名称	规模					规模等级
		陷坑个数/个	陷坑面积/m^2	陷坑直径/m	可见深度/m	影响范围/hm^2	
1	武昌区丁公庙岩溶塌陷	N/A	N/A	N/A	N/A	N/A	N/A
2	汉阳区中南轧钢厂岩溶塌陷	5	717.0	14.0～22.0	8.0～10.0	0.410 0	中型
3	武昌区阮家巷岩溶塌陷(1983年7月)	3	552.0	23.0～24.0	3.0～6.0	0.250 0	中型
	武昌区阮家巷岩溶塌陷(2005年8月22日)	1	80.0	10.0	2.4	0.010 0	中型
4	武昌区陆家街岩溶塌陷	1	415.5	23.0	9.9	0.105 2	中型
5	江夏区金口街金水一村岩溶塌陷	1	514.0	26.8	6.1	0.075 0	中型
6	洪山区毛坦港小学岩溶塌陷	1	250.0	17.0	5.0	0.040 0	中型
7	武昌区涂家沟武汉市司法学校岩溶塌陷	2	350.0	15.5～22.3	6.0	0.350 0	中型
8	洪山区青菱乡烽火村乔木湾岩溶塌陷(1997年)	1	4.3	2.5	2.3	N/A	小型
	洪山区青菱乡烽火村乔木湾岩溶塌陷(2000年3月)	1	20.0	5.2	1.05	N/A	小型
	洪山区青菱乡烽火村乔木湾岩溶塌陷(2000年4月6—11日)	19	3 463.0	2.5～54.0	1.0～7.8	1.040 4	大型
	洪山区青菱乡烽火村乔木湾岩溶塌陷(2005年8月10日)	1	18.0	4.5	1.07	0.004 0	小型
9	江夏区乌龙泉京广线1241+070岩溶塌陷	2	23.6	1.6～5	1.1～4	N/A	小型

续表 4-4

序号	岩溶塌陷名称	规模					规模等级
		陷坑个数/个	陷坑面积/m^2	陷坑直径/m	可见深度/m	影响范围/hm^2	
10	武昌区阮家巷长江紫都花园岩溶塌陷	2	130.0	8.0～10.0	3.0～7.0	0.406 5	中型
11	汉南区纱帽街陡埠村岩溶塌陷	6	17 560.0	25.0～140.3	0.3～6.9	8.000 0	大型
12	武昌区白沙洲大道武泰闸岩溶塌陷(2009年6月10日)	1	45.0	9.0	3.1	0.007 2	小型
	武昌区白沙洲大道武泰闸岩溶塌陷(2009年12月16日)	1	150.0	13.1	13.0	0.052 3	中型
13	武昌区白沙洲大道烽火村段岩溶塌陷(2009年6月17日)	1	94.0	10.1	2.4	0.012 0	中型
	武昌区白沙洲大道烽火村段岩溶塌陷(2009年6月27日)	1	160.0	18.6	1.6	0.032 5	中型
14	洪山区白沙洲大道张家湾段岩溶塌陷	1	480.0	24.0	2.0	0.048 0	中型
15	洪山区烽火村钢材市场白沙洲大道Z118#墩岩溶塌陷	1	238.0	17.0	5.0	0.120 0	中型
16	洪山区青菱乡光霞村五组岩溶塌陷	1	160.0	13.1	6.0	0.017 0	中型
17	洪山区青菱乡烽火村白沙洲大道佳韵小区岩溶塌陷	1	40.5	9.0	0.5	0.006 0	小型
18	洪山区南湖变电站岩溶塌陷	1	60.0	10.0	0.4	0.020 0	中型
19	洪山区红旗欣居B区岩溶塌陷	1	550.0	29.0	7.0	0.070 0	中型
20	武昌区积玉桥武汉市民政学校岩溶塌陷	1	100.0	12.0	1.0	0.050 0	中型
21	江夏区金水农场金水办事处农科所菜地岩溶塌陷	1	1 170.0	42.5	5.0	0.150 0	中型
22	洪山区毛坦港某工地岩溶塌陷	3	600.0	12.2～23.6	0.2～0.8	5.000 0	中型
23	汉阳区拦江路某工地岩溶塌陷	1	60.0	10.0	5.5	0.007 0	中型
24	江夏区大桥新区某工地岩溶塌陷	1	200.0	15.0	20.0	0.020 0	中型

续表 4-4

序号	岩溶塌陷名称	规模					规模等级
		陷坑个数/个	陷坑面积/m^2	陷坑直径/m	可见深度/m	影响范围/hm^2	
25	洪山区张家湾街烽火村还建地块岩溶塌陷	8	306.0	2.8～10.7	0.5～4.5	3.000 0	中型
26	江夏区法泗街长虹村、八塘村岩溶塌陷	19	15 410.0	5.2～108.0	0.7～12.9	2.400 0	大型
27	汉阳区鹦鹉大道乐福园酒楼锦绣长江店北岩溶塌陷	1	19.6	5.0	>6.0	1.000 0	中型
28	汉阳区鹦鹉大道地铁 6 号线 K12+583 岩溶塌陷	1	11.8	5.0	>10.0	N/A	小型
29	武汉东方明浒混凝土有限公司厂区岩溶塌陷	1	5.0	3.0	2.0	0.008 0	小型
30	洪山区张家湾街烽火村岩溶塌陷	1	4.2	2.3	1.5	N/A	小型
31	洪山区烽胜路保利·新武昌段岩溶塌陷	1	750.0	30.0	3.0	0.020 0	中型
32	江夏区纸坊街青龙南路实验高中岩溶塌陷(2018 年 3 月 16 日)	1	15.0	5.0	10.0	N/A	小型
	江夏区纸坊街青龙南路实验高中岩溶塌陷(2018 年 9 月 7 日)	1	5.0	2.5	1.0	N/A	小型
33	江夏区纸坊街一人行道路岩溶塌陷	1	12.6	4.0	5.0	N/A	小型

注:"N/A"表示无相关调查数据,未纳入统计。

二、岩溶塌陷形态特征

岩溶塌陷形态特征主要取决于岩溶盖层的岩性结构、厚度和岩溶洞隙、裂隙开口的形态及规模大小。

武汉市岩溶塌陷塌陷坑的平面形态主要为椭圆形、圆形及不规则形,椭圆形有 60 个,占总数的 61.2%;圆形有 32 个,占总数的 32.7%;不规则形状有 6 个,占总数的 6.1%(表 4-5)。

武汉市岩溶塌陷塌陷坑的剖面形态主要为锥状、碟状及圆柱状等,锥状特点为口大底小,塌陷坑壁呈斜坡状,状如漏斗;碟状特点为塌陷坑深度很浅,坑壁平缓,状如碟子;圆柱状特点为塌陷坑陡立呈直通状。锥状有 77 个,占总数的 78.6%;碟状有 13 个,占总数的 13.3%;圆柱状有 8 个,占总数的 8.1%(表 4-5)。

表 4-5　武汉市岩溶塌陷坑平面和剖面形态分类统计一览表

平面形态	剖面形态			小计	百分比/%
	锥状	碟状	圆柱状		
椭圆形	47	11	2	60	61.2
圆形	27	0	5	32	32.7
不规则	3	2	1	6	6.1
小计	77	13	8	98	—
百分比/%	78.6	13.3	8.1	—	100.0

注:1931 年丁公庙岩溶塌陷由于没有详细资料,未参与统计。

第四节　岩溶塌陷危害程度

岩溶塌陷是制约和影响武汉市城市发展和建设的主要地质环境问题之一,对武汉市的社会经济、人民生命财产安全等造成了一定的损失。表 4-6 为武汉市历次岩溶塌陷造成的主要损失情况。据不完全统计,截至 2018 年底,武汉市岩溶塌陷共造成直接损失 11 496 万元,死亡人数 5 人,威胁财产 9738 万元,威胁人口 1571 人。

表 4-6　武汉市历次岩溶塌陷造成的主要损失情况一览表

序号	岩溶塌陷名称	损失情况
1	武昌区丁公庙岩溶塌陷	长江堤溃口,白沙洲一带淹没,导致人畜伤亡
2	汉阳区中南轧钢厂岩溶塌陷	1 人死亡,1 栋民房倒塌,1500t 烟煤和 600t 钢材被埋,工厂停产
3	武昌区阮家巷岩溶塌陷(1983 年 7 月)	1 间民房倒塌,上万块砖瓦被埋,5 栋房屋破坏
	武昌区阮家巷岩溶塌陷(2005 年 8 月 22 日)	道路破坏,工地长约 10m 围墙和工棚倒塌,自来水管断裂
4	武昌区陆家街岩溶塌陷	10 间民房倒塌,20 间房屋墙体开裂,2 根电杆陷落,输电线路破坏,道路交通、供水供电中断,工厂停产,学校停课,部分居民被迫搬迁
5	江夏区金口街金水一村岩溶塌陷	514m^2 农田毁坏
6	洪山区毛坦港小学岩溶塌陷	村公路路面断裂陷落,交通中断,水渠和农田毁坏,危及配电房,对京广铁路构成潜在威胁
7	武昌区涂家沟武汉市司法学校岩溶塌陷	3 栋楼房毁坏、学生食堂墙体开裂、配电房开裂、水塔开裂、水塔罐体倾斜,危及东面 6 层教工楼的安全,水电中断,进出校门道路开裂,学校停课,直接经济损失 200 多万元

续表 4-6

序号	岩溶塌陷名称	损失情况
8	洪山区青菱乡烽火村乔木湾岩溶塌陷(1997 年)	农田毁坏
	洪山区青菱乡烽火村乔木湾岩溶塌陷(2000 年 3 月)	农田毁坏
	洪山区青菱乡烽火村乔木湾岩溶塌陷(2000 年 4 月 6—11 日)	造成 42 栋共 230 余间建筑面积 1.1×10^4 m^2 的房屋开裂倒塌,19 栋 1870m^2 房屋不同程度受损,水电中断,大面积农田毁坏,使 150 户、990 人撤离,直接经济损失达 611 万元,间接经济损失达 510 万元
	洪山区青菱乡烽火村乔木湾岩溶塌陷(2005 年 8 月 10 日)	造成一栋一层平房墙脚下陷
9	江夏区乌龙泉京广线 1241+070 岩溶塌陷	威胁民房 3 户、居民 13 人和京广铁路安全
10	武昌区阮家巷长江紫都花园岩溶塌陷	工棚倒塌,新建楼房墙体拉裂
11	汉南区纱帽街陡埠村岩溶塌陷	45m 村级公路毁坏,3 栋在建房屋出现显著变形严重损坏,1 栋在建民房地基出现下沉并拉裂破坏,威胁到长江渡汛安全
12	武昌区白沙洲大道武泰闸岩溶塌陷(2009 年 6 月 10 日)	白沙洲大道武泰闸路段路面破坏,1 辆货车受损
	武昌区白沙洲大道武泰闸岩溶塌陷(2009 年 12 月 16 日)	白沙洲大道武泰闸路段路面破坏
13	武昌区白沙洲大道烽火村段岩溶塌陷(2009 年 6 月 17 日)	白沙洲大道烽火村路段路面破坏,1 辆货车受损,司机受轻伤
	武昌区白沙洲大道烽火村段岩溶塌陷(2009 年 6 月 27 日)	白沙洲大道烽火村路段路面破坏
14	洪山区白沙洲大道张家湾段岩溶塌陷	白沙洲大道张家湾路段路面破坏,交通主干道中断,供水管破裂
15	洪山区烽火村钢材市场白沙洲大道 Z118♯墩岩溶塌陷	主供水管道破裂,白沙洲大道钢材市场路段路面破坏,4 间房屋开裂
16	洪山区青菱乡光霞村五组岩溶塌陷	钻具及钻杆被埋,菜地受损
17	洪山区青菱乡烽火村白沙洲大道佳韵小区岩溶塌陷	白沙洲大道路面破坏
18	洪山区南湖变电站岩溶塌陷	变电站主建筑物南段墙面、立柱开裂,10kV 消弧线圈室停止工作并拆除,梅家山至张家湾一带工业及民用用电受到威胁
19	洪山区红旗欣居 B 区岩溶塌陷	1 台打桩机被埋

续表 4-6

序号	岩溶塌陷名称	损失情况
20	武昌区积玉桥武汉市民政学校岩溶塌陷	1 栋 6 层教学楼损毁，2 栋宿舍楼墙体开裂，10m 多长的围墙开裂，中山路道路损毁
21	江夏区金水农场金水办事处农科所菜地岩溶塌陷	破坏农田和建设用地
22	洪山区毛坦港某工地岩溶塌陷	延误工程工期
23	汉阳区拦江路某工地岩溶塌陷	1 名工人被埋，3h 后获救，钻机倾覆
24	江夏区大桥新区某工地岩溶塌陷	2 人死亡，1 台钻机失踪。在建楼房筏板基础垫层塌陷，筏板基础东侧悬空，工程肆设停工。后期搜救动用 10 台挖掘和运输车辆，清土方 8000 多立方米，动用大量人力，包括武警水电部队
25	洪山区张家湾街烽火村还建地块岩溶塌陷	钻机陷落塌坑，桩机侧翻倾覆，威胁施工安全和建筑物稳定
26	江夏区法泗街长虹村、八塘村岩溶塌陷	1 栋楼房和 2 栋平房完全被毁，2 栋楼房严重倾斜，金水河两岸河堤严重垮塌。1 台钻机被埋，高速公路工程停工，输电线路损坏，主要通行的公路中断，居民 31 户 113 人撤离
27	汉阳区鹦鹉大道乐福园酒楼锦绣长江店北岩溶塌陷	2 人死亡，2 层活动板房遭受破坏
28	汉阳区鹦鹉大道地铁 6 号线 K12＋583 岩溶塌陷	地铁施工暂停
29	武汉东方明浒混凝土有限公司厂区岩溶塌陷	厂区内路面破坏
30	洪山区张家湾街烽火村岩溶塌陷	烽火村路路面破坏
31	洪山区烽胜路保利·新武昌段岩溶塌陷	2 间工棚宿舍严重倾斜、约 30m 工地围墙垮塌，售楼部 1 棵景观树、4 座花坛、1 块广告牌毁坏，约 $100m^2$ 路面路基及该路段自来水管道、路灯电线、通信电缆等损毁，人行道路面和工地地面多处开裂，直接经济损失达 80 万元
32	江夏区纸坊街青龙南路实验高中岩溶塌陷(2018 年 3 月 16 日)	未造成人员伤亡及次生灾害
	江夏区纸坊街青龙南路实验高中岩溶塌陷(2018 年 9 月 7 日)	未造成人员伤亡及次生灾害
33	江夏区纸坊街一人行道路岩溶塌陷	人行道路面破坏

按照岩溶塌陷造成破坏或者威胁的对象统计，主要有道路交通、房屋建筑及设施、农田、工程施工、堤岸等(图 4-4)。

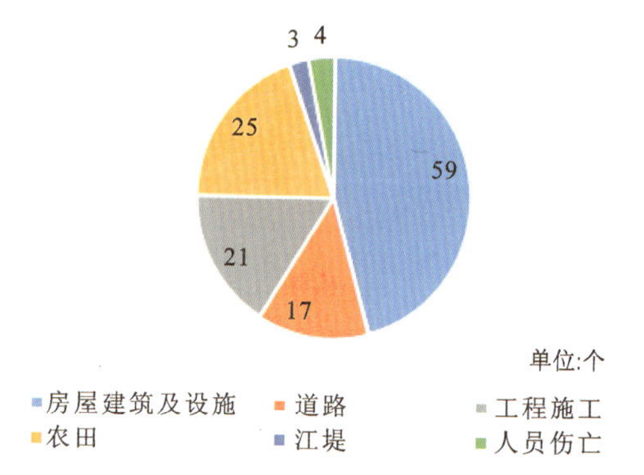

图 4-4　武汉市岩溶塌陷坑危害对象数量统计饼图

1. 房屋建筑及设施危害

武汉市内有 59 个塌陷坑涉及对房屋建筑及设施的危害。其中，损失较大的有 2006 年武昌区阮家巷长江紫都花园岩溶塌陷、2008 年汉南区纱帽街陡埠村岩溶塌陷及 2014 年江夏区法泗街长虹村、八塘村岩溶塌陷。

2006 年 4 月 9 日，阮家巷长江紫都花园岩溶塌陷形成 2 个塌陷坑。岩溶塌陷导致工棚倒塌、新建楼房墙体拉裂，造成直接经济损失 3090 万元，威胁财产 1000 万元(图 4-5、图 4-6)。

2008 年 2 月 29 日，汉南区纱帽街陡埠村岩溶塌陷造成一栋在建民房地基出现下沉并拉裂(图 4-7、图 4-8)，3 栋在建房屋出现显著变形。

2011 年 12 月 12 日，武昌区积玉桥武汉市民政学校岩溶塌陷形成 1 个塌陷坑，导致 1 栋 6 层教学楼损毁、2 栋宿舍楼墙体开裂、10m 多长的围墙开裂、中山路道路损毁等，造成直接经济损失 800 万元，威胁财产 1600 万元(图 4-9、图 4-10)。

图 4-5　长江紫都花园 1＃塌陷坑

图 4-6　长江紫都花园 2＃塌陷坑

图 4-7　陡埠村塌陷民房墙角拉裂破坏

图 4-8　陡埠村塌陷民房和地基破坏

图 4-9　武汉市民政学校教学楼墙体开裂

图 4-10　武汉市民政学校围墙倒塌

2014 年 9 月 5 日，法泗街金水河两岸岩溶塌陷造成 1 栋 3 层楼房与 2 间平房完全损毁、2 栋 3 层楼房严重倾斜(图 4-11～图 4-14)，塌陷发生后周边地面拉裂变形，输电线路损坏，居民共 31 户 113 人撤离，极大地威胁了周边居民生命财产安全。

2. 道路危害

武汉市内有 17 个塌陷坑涉及对道路的危害。2008 年 2 月 29 日，汉南区纱帽街陡埠村岩溶塌陷，出现多条弧形裂缝，导致一条村级公路毁坏，毁路长度达 45m(图 4-15、图 4-16)。

图 4-11　法泗塌陷造成房屋损毁(一)

图 4-12　法泗塌陷造成房屋损毁(二)

图 4-13　法泗塌陷造成房屋损毁(三)

图 4-14　法泗塌陷造成房屋倾斜

图 4-15　陡埠村塌陷毁坏村级公路

图 4-16　陡埠村塌陷坑弧形拉张裂缝

2009 年 6 月 17 日和 27 日，武昌区白沙洲大道烽火村路段水泥路面岩溶塌陷造成主干交通道路破坏（图 4-17、图 4-18）。

图 4-17　2009 年 6 月 17 日白沙洲大道岩溶塌陷

图 4-18　2009 年 6 月 27 日白沙洲大道岩溶塌陷

2014 年 9 月 5 日江夏区法泗街长虹村、八塘村岩溶塌陷导致武嘉高速施工便道破坏（图 4-19）、村道破坏（图 4-20）、金水河西侧堤岸毁坏 8m（图 4-21）、金水河东侧堤岸毁坏 21m（图 4-22），金水河东侧村级公路部分损毁，金水河两岸南北向交通堵塞中断。

3. 建设工程危害

武汉市内有 21 个塌陷坑涉及对工程施工的危害，主要表现在 3 个方面：①当在工程建设过程中，进行工程地质钻探、桩基础施工、基坑开挖、抽排地下水等活动时，常常会引发下伏溶洞顶板坍塌、土洞迅速扩大失稳等，从而造成规模不等的岩溶塌陷灾害，轻者造成工程停工，重者造成人员伤亡，财产损失严重；②由于岩溶地质环境的复杂性，工程施工难度加大，特别是前期勘察费用明显增加、工程复杂等级明显提高、施工工艺更加复杂等，明显提高了施工难度和

图 4-19　1#塌陷坑破坏武嘉高速施工便道

图 4-20　3#塌陷坑破坏村道

图 4-21　7#塌陷坑毁坏金水河西侧堤岸

图 4-22　8#塌陷坑毁坏金水河东侧堤岸

工程造价，并给工程建设带来一定的安全隐患；③岩溶塌陷的破坏性极大，且存在难以预测和治理等特点，给城市建设造成了极大的困扰，特别是武汉市长期遭受岩溶塌陷灾害影响，给城市发展布局带来极大的挑战，一定程度上降低了土地的利用价值。

2008 年 2 月 29 日，汉南区纱帽街陡埠村岩溶塌陷导致小区建设停止并取消，后期全区填土达 2m 以上，并改变建设用地性质，局部作为一般低层厂区用地(图 4-23、图 4-24)。

图 4-23　陡埠村塌陷破坏建设用地(一)

图 4-24　陡埠村塌陷破坏建设用地(二)

2014 年 5 月 2 日，江夏区大桥新区某工地岩溶塌陷，导致两人死亡，一台钻机丢失，造成直接经济损失 3200 万元，威胁财产 1000 万元(图 4-25、图 4-26)。

2014 年 6 月 8 日，烽火村还建地块岩溶塌陷造成钻机陷落塌坑、桩机侧翻倾覆，给施工安全造成严重影响(图 4-27、图 4-28)。

2014 年 9 月 5 日江夏区法泗街长虹村、八塘村岩溶塌陷，造成一台桩基冲击钻机被埋(图 4-29、图 4-30)，武汉至深圳高速公路(武汉至嘉鱼段)施工场地和便道遭受破坏后停工，直至 2015 年 8 月才恢复施工，造成了极大的经济损失和不良的社会影响。

图 4-25　大桥新区岩溶塌陷坑全貌

图 4-26　大桥新区岩溶地面塌陷坑开挖面

图 4-27　烽火村还建地块 1＃塌陷坑

图 4-28　烽火村还建地块 2＃塌陷坑

图 4-29　法泗塌陷破坏施工场地(一)

图 4-30　法泗塌陷破坏施工场地(二)

4. 农田危害

武汉市内有25个塌陷坑涉及对农田的危害。

2010年1月28日，洪山区青菱乡光霞村五组岩溶塌陷导致农田损毁面积160m²(图4-31、图4-32)；2012年11月2日，武汉市江夏区金水办事处岩溶塌陷造成农田损毁面积1170m²(图4-33)；2014年9月5日，江夏区法泗街长虹村、八塘村岩溶塌陷(图4-34)造成农田损毁面积约14 594m²。目前，大部分农田中的塌陷坑已回填复耕。

图4-31　青菱乡光霞村岩溶塌陷(一)

图4-32　青菱乡光霞村岩溶塌陷(二)

图4-33　金水办事处塌陷破坏农田

图4-34　法泗岩溶塌陷破坏农田

第五章 岩溶塌陷发育条件

岩溶塌陷的形成一般要具备3个条件:①空间条件。下部有可溶岩地层,发育有溶蚀裂隙或洞穴,为地下水和塌陷物质提供存储场所或运移通道,也是气流活动的途径,是形成塌陷的基础。②物质条件。上部有一定厚度的覆盖层,可以是岩层,或是各类松散土层。③致塌作用力。有能够使溶洞或土洞与盖层之间的平衡被破坏的外部作用力。

第一节 岩溶塌陷发育空间条件

下伏可溶性碳酸盐岩顶板附近浅部岩溶发育,为上覆第四系松散层的侧向、垂向潜蚀流失提供了运移通道和储存空间,是岩溶塌陷形成的基本条件之一。岩溶发育愈强烈,岩溶空隙数量愈多、规模愈大,愈有利于岩溶塌陷的形成。岩溶空隙的发育一般受岩溶水排泄基准面的控制,多发育于浅部,向深部逐渐减弱。浅部岩溶空隙由于地下水活动频繁,交替强烈,一般连通性较好,成为塌陷物质的储集空间和运移通道。岩溶空隙的开口程度是影响岩溶塌陷形成的重要因素,岩溶水的活动、塌陷物质的运移都是通过空隙开口处进行的,因此,塌陷坑与开口空隙存在着密切的垂向对应关系。实践表明,空隙规模愈大,塌陷也愈大;空隙开口愈大,塌陷速度愈快。空隙的平面展布形态对塌陷坑平面形态有决定性影响,裂隙状洞隙往往形成长条状塌陷坑,沿地下河管道往往产生链状或串珠状分布的塌陷坑群。

武汉市岩溶塌陷区下伏可溶性碳酸盐岩主要为二叠系栖霞组和三叠系大冶组灰岩、生物碎屑灰岩,隐晶质结构、微晶结构、微粒结构、生物碎屑结构,薄—厚层状构造或块状构造,方解石含量达93%以上,质纯,岩溶发育,尤其是基岩顶面附近浅部岩溶发育。岩溶塌陷集中地段(中南轧钢厂厂区、阮家巷—陆家街、烽火村和毛坦港一带)岩溶形态主要有溶洞、溶隙、溶孔和溶槽。溶隙一般宽0.1~0.4cm,溶孔直径多为0.3~5cm;溶槽较少见,宽3~5cm。溶洞是塌陷区内岩溶的主要形态,其垂高多为0.1~3.0m,部分3.0~4.2m,溶洞洞高一般为0.1~8.0m。溶洞多数被充填或半充填,仅少数为空洞,溶洞充填物为粉质黏土和岩石碎屑混粉质黏土,粉质黏土状态不一,软—硬塑状,岩石碎屑混粉质黏土结构多呈松散状。

下伏浅部岩溶发育,为上覆粉细砂层的潜蚀流失提供了运移通道和储存空间,是武汉市岩溶塌陷形成的基本条件之一。

第二节 岩溶塌陷发育物质条件

武汉市岩溶区广泛分布第四系松散堆积物,为岩溶塌陷提供了物质来源。

武汉市80%以上的岩溶塌陷区上覆盖层为第四系全新统松散冲积物,具河流相二元结构,上部为黏性土,下部为砂性土。上部黏性土层属中等压缩性土,潮湿,呈可塑—软塑状态,局部含有黑色铁锰质氧化物或灰白色螺壳。下部砂层厚,多以粉细砂层为主,质纯,颗粒细,分选性较好,呈松散—中密饱和状。局部地段粉细砂层下部有碎石土层,局部地段粉细砂层夹有中砂、粗砂、卵砾石或粉土夹层。含碎石黏土层一般呈饱和状,碎石含量30%~90%,粒径20~70mm,呈棱角状,分选性差,碎石间由黏性土充填,为相对隔水层。

此外,部分塌陷分布于覆盖型和埋藏型岩溶区边界处,塌陷区内部分可溶岩埋藏于新近系泥岩或古近-白垩系泥质粉砂岩之下，如陆家街岩溶塌陷、烽火村塌陷及毛坦港岩溶塌陷。

除上部土体外，近两年在江夏发生的两处塌陷位于单层黏性土层。上覆盖层为第四系中更新统洪冲积层，厚度17.5～30.0m，为棕红色含铁锰膜网纹黏土，含较多灰黑色铁锰质膜，发育浅灰白色网纹，局部底部含零星砾石，砾石岩性主要为石英砂岩及少量硅质岩，含量约5%，砾径一般为1～2cm，呈次圆状。

第三节　岩溶塌陷发育动力条件

岩溶塌陷发育的动力条件主要包括地下水动力条件和人类工程活动的影响。

一、地下水动力条件

1. 降水和地表水入渗（渗压）

降水和地表水入渗是武汉市岩溶塌陷的关键影响因素之一。

首先，降水入渗使上部土体饱水自重增加，物理力学性质降低；局部存在天窗时砂性土中降水入渗后的渗流作用对土体颗粒进行冲刷、携带、搬运，破坏土体稳定性；地表水入渗破裂岩溶管道中的水体下渗等，造成碳酸盐岩上部土体向岩溶裂隙中流失，形成空洞导致塌陷。

其次，第四系上部黏性土存在天窗，在砂性土直接出露地表接受降水入渗的区域以及裸露型岩溶分布的岩溶水补给区，降水和地表水入渗后，黏性土在重力和水头差的作用下，在含水层中运动，本身具有一定的能量，地下水动力条件被改变，对含水介质产生推动运移的作用。地下水对土颗粒产生的渗透压力大小主要取决于地下水具有的水头高度，加上土体湿润、饱和，岩土体容重增加，岩土体状态改变，使得岩土体强度降低，极易诱发岩溶塌陷。

2. 地下水水位季节性波动

地下水动力作用还受地下水水位季节性波动的影响。根据地下水监测数据，武汉市长江一级阶地地下水水位年变幅可达3m，在靠近长江一级阶地前缘，受长江水位影响，地下水水位和流向变动更为明显。地下水水位的频繁升降和流向的来回变动会引起地下水水力坡度的变化，导致地下水的冲刷、潜蚀能力发生相应的变化，产生渗透潜蚀作用，改变上覆土体的含水量、性状和强度，加速土体崩落，引起地下岩溶及土洞内压力交替变化，使周围岩石土体失稳，并导致渗压或真空吸蚀致塌作用。地下水水位波动频率愈高，岩溶塌陷愈易产生。

二、人类工程活动影响

近年来，人类工程活动成为武汉市岩溶塌陷的主要触发因素，对岩溶地质环境的影响是不可逆的。主要表现为打通上下含水层、抽排地下水增强地下水水力联系和地下水水位波动；施工产生振动、增加附加荷载，破坏上覆第四系、岩溶层岩体结构和力学性质，打通岩溶通道。

1. 人类工程活动影响地下水

大量抽排地下水使得地下水系统输出增多，改变了水资源的自然分布状态，破坏了含水层和隔水层介质原始平衡应力状态，改变了地下水的渗流途径。主要影响表现为：①水头差致使地下水向下的渗透力增强;②地下水水位下降时,原来土层中受到的地下水浮托力消失,产生失托增荷效应;③地下水水位下降时,岩溶空腔产生真空吸蚀效应。

2. 岩溶顶板破坏、振动、荷载

人类工程活动对岩溶塌陷的影响往往是多方面同时作用的,岩溶顶板破坏、振动、重力(自重和荷载)均很少单独作用于岩溶地质条件,一种人类工程活动发生时常伴随多个效应同时发生作用。

1)土方开挖、支护

基坑土方开挖和支护等破坏了岩土体完整性,降低了岩土体强度,人为地改变了上覆第四系盖层岩土体结构和应力状态,使得盖层变薄,打破了土洞顶部原有的应力平衡。经扰动的土体颗粒黏聚力降低,土体极易破坏、流失。目前武汉市基坑大部分属于深基坑,对开挖区域岩土体结构和力学性质、含水层结构、地下水渗流场等影响较大。

由于地下工程埋深大,通常已深入基岩层,加之地铁、隧道等工程线路长、施工面积大,较之基坑土方开挖和支护,地下工程施工对岩溶地质条件影响更大。破坏上覆第四系盖层和基岩层结构及稳定性、改变地下水渗流场并增强地下水水力联系、增加碳酸盐岩溶蚀速率及裂隙等岩溶通道、施工振动诱发岩溶塌陷,在地下工程施工中均得到集中体现。

2)钻探施工

对岩溶地质环境影响最大的主要为钻探施工,特别是在工程详勘阶段或是桩基施工前进行的超前钻施工,钻探布设密度极大,钻探施工深度基本揭穿灰岩岩溶发育层,极易诱发岩溶塌陷灾害。基本作用机理是沟通上下含水层水力联系,使地下水潜蚀渗流作用增强,上部松散土体随水流运移到碳酸盐岩空隙中,这是土洞形成和发展的根本。

当在上覆盖层具"上黏下砂"双层结构或"黏—砂—黏"三层结构的区域进行工程钻探施工时,若未采取及时有效的防护措施,钻孔揭穿岩溶水含水层顶板后,第四系孔隙承压水与岩溶水连通,在水头差和孔内注浆双重作用下,上层土体随泥浆和地下水流入岩溶通道,土洞形成并不断扩大,最终产生塌陷。

近年来,随着武汉市工程建设规模扩大,发生至少4处因工程勘察钻探施工引发的岩溶塌陷地质灾害。如2013年洪山区毛坦港某工地工程勘察钻探施工导致的岩溶塌陷。

3)桩基础施工

岩溶区一般采用的桩基础施工主要有钻孔桩、冲孔桩。因场地地下水动力条件的改变和施工冲击振动等影响,由桩基础施工引起的岩溶塌陷时有发生。

岩溶发育区溶沟、溶槽、基岩裂隙与溶洞、土洞相互连通,水文地质条件复杂,若施工不当,极易诱发地质灾害。如钻孔桩、冲孔桩施工过程中漏浆,将改变地下水动力条件,诱发塌陷;机械振动也可诱发岩溶塌陷。

南湖变电站岩溶塌陷,主要是由于附近白沙洲大道进行高架桥桩基施工,在进行大口径冲击成孔灌注桩施工时,引起振动导致岩溶通道重新连通,饱水的粉细砂在水位差的作用下,发生渗流潜蚀效应,最终引发岩溶塌陷。

4)振动和载荷

工程施工和运行阶段对岩溶地质条件产生影响的重要因素还有振动和载荷。一是振动,一方面为施工期间工艺上（如桩基冲孔成孔时）产生的振动；另一方面为工程施工和各种交通工具往返行驶时引起地面的振动；如白沙洲大道曾因重型货车振动而造成岩溶塌陷。二是荷载，荷载直接作用在土洞（溶洞）上面，增加土洞的致塌力，一旦致塌力大于抗塌力后，塌陷就发生。

第六章

岩溶塌陷发育成因及致塌模式

第一节　岩溶塌陷成因判据

一、岩溶塌陷理论判据

从力学平衡原理来说，任何岩溶塌陷事件的发生，都是引起塌陷的致塌力（主要包括岩土体自重力、地下水垂向渗透力和侧向渗透力、振动力，岩土体中气体正压力、负压力，地面荷载力等）与抗塌力（主要包括岩土体黏聚力、周边摩擦力、地下水浮托力等）在塌陷形成过程中相互作用的表现。岩溶塌陷理论判据：

（1）$\frac{致塌力}{抗塌力}>1$ 时，产生塌陷。

（2）$\frac{致塌力}{抗塌力}\leqslant 1$ 时，不产生塌陷。

针对武汉市岩溶塌陷主要发生在覆盖型岩溶地区的客观规律，可进一步将岩溶塌陷理论判据进行如下细化：

（1）天然状态下，单位土体黏聚力＋水的浮力＞单位土体重度＋内外大气压力差，土体是稳定的，地面不会产生塌陷。

（2）水位变化时（自然或人为因素影响下），导致水对土体的浮力变化，同时地下水流速也可引起对岩土体颗粒产生渗透力，土体平衡关系会发生变化。①当渗透力＞黏聚力，则土体不稳定，发生潜蚀作用；②当单位土体黏聚力＋水的浮力＜单位土体重度＋内外大气压力差＋渗透力时，土体即可开始垮落，直至发生塌陷；③当单位土体黏聚力＋水的浮力＞单位土体重度＋内外大气压力差＋渗透力，土体仍保持稳定，此时不会产生塌陷。

（3）当施加人为附加应力时，土体平衡关系也会发生变化。①当单位土体黏聚力＋水的浮力＞单位土体重度＋内外大气压力差＋人为附加应力，土体仍保持稳定，此时不会产生塌陷；②当单位土体黏聚力＋水的浮力＜单位土体重度＋内外大气压力差＋人为附加应力时，土体即可开始垮落，直至发生塌陷。

二、岩溶塌陷瞬时判据

岩溶塌陷具有空间上的隐蔽性、时间上的突发性以及形成机制上的复杂性，因此，岩溶塌陷的发生是多因素共同作用的结果，很难精准预测或者预报岩溶塌陷发生的地点和时间。

根据岩溶塌陷的地下水动力条件以及武汉市历次岩溶塌陷事件统计，地下水动力条件的改变是岩溶塌陷发生时普遍存在的，对岩溶塌陷瞬间地质环境条件和应力变化等具有较大作用，产生塌陷后会发生及时响应。主要体现在岩溶塌陷产生时地下水水位变幅、地下水水位等的变化瞬时速度（异常跳升）。因此，地下水水位的变化幅度可作为衡量地下水触发（诱发）岩溶塌陷的重要指标之一或瞬时判据。

以洪山区毛坦港某工地岩溶塌陷为例，2013 年 3 月，毛坦港小学附近监测站点 ZK1 监测数据显示，岩溶水水位出现异常突变，水位变幅瞬时最高达 6m 左右（图 6-1）。

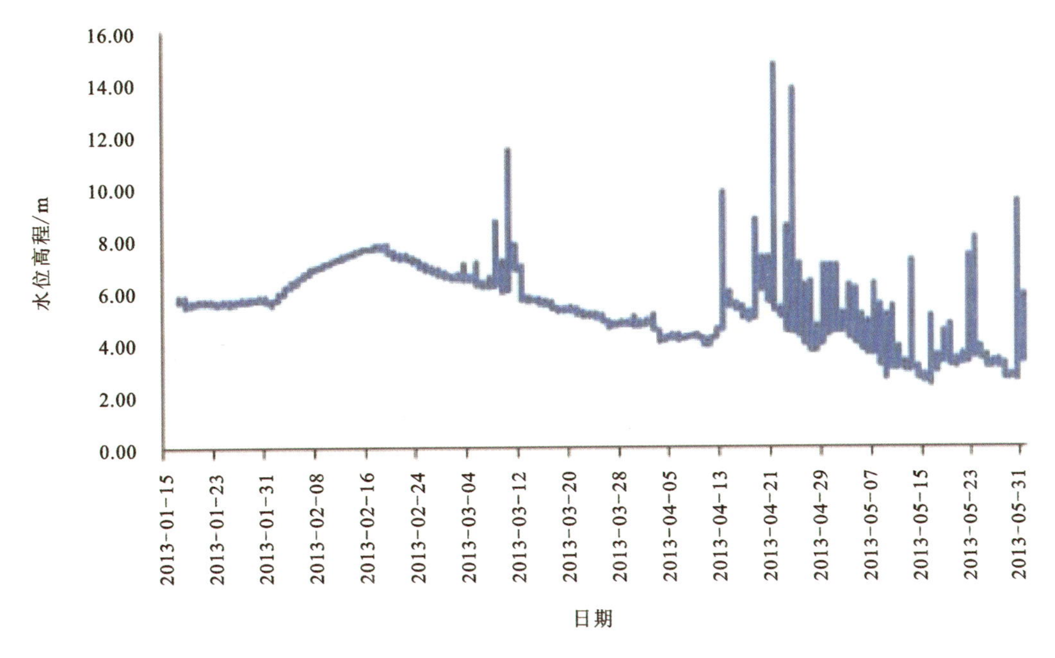

图 6-1　岩溶水水位监测动态曲线图(ZK1)

捕获信息后，湖北省地质环境总站立即安排现场巡视排查，发现有钻探施工，且现场调查钻探施工时间与水位剧烈波动时间吻合较好。2013 年 4 月 13 日 13:30 至 14:30，岩溶水监测站点 ZK1 监测显示岩溶水再次出现水位异常突变；4 月 14—24 日，即先后发生 3 个岩溶塌陷坑(表 6-1)。

表 6-1　毛坦港岩溶塌陷过程中的岩溶水位变化情况一览表

塌陷坑编号	塌陷时间	水位突变时间	当日最大水位变幅/m
1#	2013 年 4 月 14 日	4 月 13 日 14:30	3.68
2#	2013 年 4 月 17 日	无异常	N/A
3#	2013 年 4 月 21 日	4 月 21 日 13:30	9.46
	2013 年 4 月 24 日	4 月 24 日 12:30	7.01

第二节　岩溶塌陷成因类型

武汉市岩溶塌陷成因(诱发因素)主要包括自然影响因素及人为影响因素。自然影响因素主要包括降水及长江水位变化；人为影响因素主要为工程施工影响，包括道路工程、工业与民用建筑工程、地下工程和地下水开发。根据武汉市历次岩溶塌陷事件调查结果统计，武汉市岩溶塌陷有 8 次为自然影响因素导致，占总岩溶塌陷次数的 21%；30 次为人为影响因素导致，占总岩溶塌陷次数的79%。在人为影响因素导致的岩溶塌陷中，由工程施工导致的有21次，占70%；由开采地下水导致的有5次，占17%；由车辆运行荷载加重导致的有4次，占3%。(表6-2)。

表6-2 武汉市岩溶塌陷成因一览表

序号	岩溶塌陷名称	按成因(诱发因素)类型	
		自然影响因素	人为影响因素
1	武昌区丁公庙岩溶塌陷	地下水水位波动	
2	汉阳区中南轧钢厂岩溶塌陷		开采地下水
3	武昌区阮家巷岩溶塌陷(1983年7月)	地下水水位波动	
	武昌区阮家巷岩溶塌陷(2005年8月22日)		桩基施工
4	武昌区陆家街岩溶塌陷	地下水水位波动	
5	江夏区金口街金水一村岩溶塌陷	地下水水位波动	
6	洪山区毛坦港小学岩溶塌陷	地下水水位波动	
7	武昌区涂家沟武汉市司法学校岩溶塌陷	降水	
8	洪山区青菱乡烽火村乔木湾岩溶塌陷(1997年)		开采地下水
	洪山区青菱乡烽火村乔木湾岩溶塌陷(2000年3月)		开采地下水
	洪山区青菱乡烽火村乔木湾岩溶塌陷(2000年4月6—11日)		开采地下水
	洪山区青菱乡烽火村乔木湾岩溶塌陷(2005年8月10日)	地下水水位波动	
9	江夏区乌龙泉京广线1241+070岩溶塌陷		开采地下水
10	武昌区阮家巷长江紫都花园岩溶塌陷		钻探施工
11	汉南区纱帽街陡埠村岩溶塌陷		超前钻、管桩施工振动
12	武昌区白沙洲大道武泰闸岩溶塌陷(2009年6月10日)		钻孔施工，载重车辆荷载和振动
	武昌区白沙洲大道武泰闸岩溶塌陷(2009年12月16日)		桩基施工
13	武昌区白沙洲大道烽火村段岩溶塌陷(2009年6月17日)		钻探施工
	武昌区白沙洲大道烽火村段岩溶塌陷(2009年6月27日)		钻探施工、污水管渗漏，载重车辆荷载和振动
14	洪山区白沙洲大道张家湾段岩溶塌陷		桩基施工振动

续表 6-2

序号	岩溶塌陷名称	按成因(诱发因素)类型	
		自然影响因素	人为影响因素
15	洪山区烽火村钢材市场白沙洲大道 Z118#墩岩溶塌陷		桩基施工
16	洪山区青菱乡光霞村五组岩溶塌陷		钻探施工
17	洪山区青菱乡烽火村白沙洲大道佳韵小区岩溶塌陷		载重车辆荷载和振动
18	洪山区南湖变电站岩溶塌陷		桩基施工振动
19	洪山区红旗欣居 B 区岩溶塌陷		桩基施工
20	武昌区积玉桥武汉市民政学校岩溶塌陷		钻探施工
21	江夏区金水农场金水办事处农科所菜地岩溶塌陷		钻探施工
22	洪山区毛坦港某工地岩溶塌陷		钻探施工
23	汉阳区拦江路某工地岩溶塌陷		钻孔和桩基施工
24	江夏区大桥新区某工地岩溶塌陷		钻探施工
25	洪山区张家湾街烽火村还建地块岩溶塌陷		钻探施工
26	江夏区法泗街长虹村、八塘村岩溶塌陷		桩基施工
27	汉阳区鹦鹉大道乐福园酒楼锦绣长江店北岩溶塌陷		钻探和桩基施工
28	汉阳区鹦鹉大道地铁 6 号线 K12+583 岩溶塌陷		钻探和桩基施工
29	武汉东方明浒混凝土有限公司厂区岩溶塌陷		重型车辆加载、火车运行振动
30	洪山区张家湾街烽火村岩溶塌陷	N/A	N/A
31	洪山区烽胜路保利·新武昌段岩溶塌陷		前期周边施工、勘查
32	江夏区纸坊街青龙南路实验高中岩溶塌陷(2018 年 3 月 16 日)		地铁隧道施工、坑道排水、重力、振动
	江夏区纸坊街青龙南路实验高中岩溶塌陷(2018 年 9 月 7 日)		地铁隧道施工、坑道排水、重力、振动
33	江夏区纸坊街一人行道路岩溶塌陷	潜蚀、重力、荷载	

第三节　岩溶塌陷成因效应

武汉市自然影响因素和人为影响因素产生的外动力因子对岩溶塌陷形成主要是通过潜蚀、吸蚀、垂直渗压、重力(自重和荷载)、振动、渗流液化、水击、土体崩解效应等作用来体现。

一、潜蚀效应

1. 黏性土的潜蚀效应

黏性土受水的影响,土颗粒间的联结方式和强度削弱或丧失,使土体结构遭到破坏、黏聚力降低、崩散解体,易从土体临空面上剥离和垮落。地下水在管道中流动时对土体产生冲蚀、掏蚀等作用;另外地下水水位频繁涨落导致土体干缩、湿胀作用将土颗粒与原始土体分离,并将脱离母体的土颗粒搬运它处沉积。这一过程使得地下通道和空洞不断扩大,顶板厚度减薄。

黏性土与可溶岩界面附近地下水的频繁活动形成土洞,洞周土体中的地下水在重力(和真空负压)作用下将会产生渗流。其中,重力产生的渗流作用方向向下,速度较小;真空负压将会在很短的时间内,致使洞周土体孔隙中的自由水和空气垂直于洞壁,快速向负压中心(土洞)渗流。这两种类型的渗流作用都会导致土洞内表层局部土体发生流土破坏,扩大土洞,减小土洞顶板厚度,可能导致土洞向上方迁移。

2. 砂性土的潜蚀效应

砂性土一般含有较丰富的地下水,在水头作用下形成稳定的渗流场。当地下水向岩溶孔隙和空腔中渗流,土颗粒遭受渗透压力,土体内部或渗流出露处局部土颗粒发生变位,即产生渗流破坏,形成水砂流体,向下方岩溶孔隙溶洞中漏失,发生强烈的土体破坏直至产生地面塌陷。

武汉市砂性土主要分布于长江沿岸,江水、第四系孔隙水和裂隙岩溶水之间水力联系密切,三者之间的水量交换通过地下水径流完成,地下水径流产生动水压力,动水压力的大小与水力梯度成正比。长江水位变化、人工开采地下水均会使水力梯度加大,从而使地下水流速加快,动水压力增强。当水力梯度达到一定值时,动水压力则大于土体黏聚力与颗粒间摩擦力,土颗粒开始被渗流带动迁移,从而在上部盖层中形成土洞,土洞发展到一定阶段,即产生地面塌陷。

二、吸蚀效应

在封闭较好的岩溶空腔中,岩溶水水位突然或大幅度下降时,在下降的水面与盖层之间形成低压空间,对盖层内部产生吸蚀作用,致使覆盖层底部土体疏松,含水量增加,剥蚀加快,土颗粒解体,剥落形成空洞。当空洞逐渐扩大、洞顶板变形后,在大气压力作用下,盖层失去平衡,形成塌陷。

三、垂直渗压效应

当地表水体、雨水等入渗时,水在孔隙中运移,对土颗粒施加一种垂向渗透压力,从而改变了土体的力学性质。当渗透压力达到一定值时,土体结构破坏,土颗粒随水流产生运移,进而形成土洞，土洞不断发展，即产生地面变形或塌陷。

四、重力（自重和荷载）效应

降水入渗后，上覆盖层饱和容重比干容重一般增加30%～40%。盖层厚度大，塌陷面积宽，自重也大，使土拱承受更大的重量，当上覆土体的重量大于土体的黏聚力与颗粒间摩擦力时即导致塌陷。土拱承受外部荷载时，也会产生同样的效果。

五、振动效应

机械振动使得土体解体，结构变得松散，颗粒之间黏聚力降低，物理力学性质降低，在地下水渗流时更容易流失、垮塌。在饱和粉细砂层中，振动作用还会导致砂土液化，极大地降低了土体强度。振动效应主要来源施工机械振动和来往车辆行驶产生的振动。

六、渗流液化效应

第四系下部砂层处于饱水状态，渗流作用的加剧使局部水力坡度加大，加上砂土振动液化作用，砂层呈液化状态流入岩溶空隙，从而在砂层上部形成“空洞”，“空洞”发展到一定阶段，在内外应力作用下，上部黏性土盖层的致塌力超过抗塌力，即产生塌陷。

七、水击效应

岩溶管道中的地下水流经常处于不稳定状态，管道中因塌陷物的堵塞或充填物的冲决，使水流速度突然变化，水流的动能将转化为压力，形成一种向来水方向传播的弹性波即水击波，从而产生水击作用，冲击岩溶洞隙管道系统，引起与之相通的上方覆盖岩土体的击穿与塌陷。据计算，岩溶管道中水流速度突然降低1m/s时，产生的水击压力可达到120m水头以上。局部岩溶塌陷发生瞬间，岩溶管道内地下水压强增大，地下水流速发生急剧变化，且压强在地下水中传导，致使其他区域地下水水位波动变幅加大，加速第四系砂层向下伏岩溶空隙运移，从而诱发其他塌陷。

八、土体崩解

崩解作用是指黏性土由于浸水而发生离析、解体的现象。崩解是由于土体没入水中，水进入土体孔隙或裂隙中的情况不平衡，因而引起粒间扩散层增厚的速度不平衡，以致粒间斥力超过引力而产生应力集中，使土体沿着斥力超过引力最大的面崩落下来。

武汉市最为典型的胀缩崩解效应主要是红黏土，其工程性质特殊，具有明显的膨胀和收缩的特性，而且收缩性大于膨胀性。土体失水收缩开裂，水位上涨时，地下水沿裂缝迅速入渗，土体遇水膨胀并迅速崩解，土洞迅速扩展，直至塌陷产生。土体崩解的速度和崩解量与天然含水量密切相关，天然含水量越小，崩解的速度越快，崩解量越大。

武汉市岩溶塌陷的发生往往是几种不同效应综合作用的结果见表6-3，如武昌区阮家巷岩溶塌陷（2005年8月22日）有潜蚀、垂直渗压和重力3种效应，洪山区南湖变电站岩溶塌陷有潜蚀、振动、渗流液压和重力4种效应综合作用。

表 6-3　武汉市岩溶塌陷成因效应统计表

序号	塌陷名称	成因效应
1	武昌区丁公庙岩溶塌陷	潜蚀效应和重力效应
2	汉阳区中南轧钢厂岩溶塌陷	潜蚀效应、吸蚀效应及重力效应
3	武昌区阮家巷岩溶塌陷(1983 年 7 月)	潜蚀效应和重力效应
	武昌区阮家巷岩溶塌陷(2005 年 8 月 22 日)	潜蚀效应、垂直渗压效应及重力效应
4	武昌区陆家街岩溶塌陷	潜蚀效应和重力效应
5	江夏区金口街金水一村岩溶塌陷	潜蚀效应和重力效应
6	洪山区毛坦港小学岩溶塌陷	潜蚀效应和重力效应
7	武昌区涂家沟武汉市司法学校岩溶塌陷	潜蚀效应、垂直渗压效应及重力效应
8	洪山区青菱乡烽火村乔木湾岩溶塌陷(1997 年)	吸蚀效应、潜蚀效应及重力效应
	洪山区青菱乡烽火村乔木湾岩溶塌陷(2000 年 3 月)	潜蚀效应、吸蚀效应及重力效应
	洪山区青菱乡烽火村乔木湾岩溶塌陷(2000 年 4 月 6—11 日)	潜蚀效应、吸蚀效应及重力效应
	洪山区青菱乡烽火村乔木湾岩溶塌陷(2005 年 8 月 10 日)	潜蚀效应和重力效应
9	江夏区乌龙泉京广线 1241＋070 岩溶塌陷	潜蚀效应、吸蚀效应及重力效应
10	武昌区阮家巷长江紫都花园岩溶塌陷	潜蚀效应、垂直渗压效应及重力效应
11	汉南区纱帽街陡埠村岩溶塌陷	潜蚀效应、重力效应、振动效应
12	武昌区白沙洲大道武泰闸岩溶塌陷(2009 年 6 月 10 日)	潜蚀效应和重力效应
	武昌区白沙洲大道武泰闸岩溶塌陷(2009 年 12 月 16 日)	潜蚀效应和振动效应
13	武昌区白沙洲大道烽火村段岩溶塌陷(2009 年 6 月 17 日)	潜蚀效应、重力效应及振动效应
	武昌区白沙洲大道烽火村段岩溶塌陷(2009 年 6 月 27 日)	潜蚀效应、垂直渗压效应、重力效应及振动效应
14	洪山区白沙洲大道张家湾段岩溶塌陷	水击效应、潜蚀效应、渗流液化效应及振动效应
15	洪山区烽火村钢材市场白沙洲大道 Z118# 墩岩溶塌陷	潜蚀效应、振动效应及渗流液化效应
16	洪山区青菱乡光霞村五组岩溶塌陷	潜蚀效应、重力效应及振动效应
17	洪山区青菱乡烽火村白沙洲大道佳韵小区岩溶塌陷	潜蚀效应、振动效应及重力效应

续表 6-3

序号	塌陷名称	成因效应
18	洪山区南湖变电站岩溶塌陷	潜蚀效应、振动效应、渗流液化效应及重力效应
19	洪山区红旗欣居 B 区岩溶塌陷	潜蚀效应、振动效应及渗流液化效应
20	武昌区积玉桥武汉市民政学校岩溶塌陷	潜蚀效应、振动效应及渗流液化效应
21	江夏区金水农场金水办事处农科所菜地岩溶塌陷	垂直渗压效应和重力效应
22	洪山区毛坦港某工地岩溶塌陷	垂直渗压效应和重力效应
23	汉阳区拦江路某工地岩溶塌陷	垂直渗压效应、重力效应及振动效应
24	江夏区大桥新区某工地岩溶塌陷	土体崩解和重力效应
25	洪山区张家湾街烽火村还建地块岩溶塌陷	渗流液化效应、重力效应及振动效应
26	江夏区法泗街长虹村、八塘村岩溶塌陷	渗流液化效应、水击效应、潜蚀效应。重力效应及振动效应
27	汉阳区鹦鹉大道乐福园酒楼锦绣长江店北岩溶塌陷	垂直渗压效应、重力效应及振动效应
28	汉阳区鹦鹉大道地铁 6 号线 K12+583 岩溶塌陷	垂直渗压效应、重力效应及振动效应
29	武汉东方明浒混凝土有限公司厂区岩溶塌陷	土体崩解、振动效应及重力效应
30	洪山区张家湾街烽火村岩溶塌陷	N/A
31	洪山区烽胜路保利·新武昌段岩溶塌陷	垂直渗压效应
32	江夏区纸坊街青龙南路实验高中岩溶塌陷（2018 年 3 月 16 日）	土体崩解、振动效应及重力效应
32	江夏区纸坊街青龙南路实验高中岩溶塌陷（2018 年 9 月 7 日）	土体崩解、振动效应及重力效应
33	江夏区纸坊街一人行道路岩溶塌陷	潜蚀效应、重力效应

第四节 岩溶塌陷致塌模式

一、岩溶塌陷地质模式

根据武汉市历次岩溶塌陷调查，并结合武汉市可溶岩、地下水及上覆土层的组合关系，可溶岩埋藏条件（覆盖型或埋藏型）、第四系土层结构（单层黏土结构、“上黏下砂”二元结构、“黏砂互层”下部为砂的多元结构）和土层厚度（≥30m 或＜30m）、地下水水位及波动情况对岩溶塌陷的发生影响较大。武汉市岩溶塌陷发生的地质模式主要为以下 5 种类型。

地质模式 a：下伏碳酸盐岩（覆盖型）岩溶强发育，上覆第四系土层结构为单层黏土，地下水水位在基岩面以上波动[图 6-2(a)]。根据第四系土层厚度可为两种亚类类型，即 a_1（第四系上覆土层厚度小于 30m）、a_2（第四系土层厚度大于或等于 30m）。

地质模式 b：下伏碳酸盐岩（覆盖型）岩溶强发育，上覆土层结构为“上黏下砂”二元结构[图 6-2(b)]，地下水水位在基岩面以上波动。根据第四系土层厚度可为两种亚类类型，即 b_1（第四系上覆土层厚度小于 30m）、b_2（第四系土层厚度大于或等于 30m）。

地质模式 c：下伏碳酸盐岩（覆盖型）岩溶强发育，上覆第四系结构为由上至下的“黏性土—砂性土—碎石土或黏性土”三层结构[图 6-2(c)]，地下水水位在基岩面以上波动。根据第四系厚度可为两种亚类类型，即 c_1（第四系上覆厚度小于 30m）、c_2（第四系厚度大于或等于 30m）。

地质模式 d：下伏碳酸盐岩（覆盖型岩溶到埋藏型岩溶过渡带）岩溶强发育，上覆结构为由上至下的“黏性土—砂土—基岩”三层结构[图 6-2(d)]，第四系厚度小于 30m，地下水水位在基岩面以上波动。

地质模式 e：下伏碳酸盐岩（覆盖型）岩溶强发育，第四系土层结构为黏性土、砂性土互层的多层结构[图 6-2(e)]，第四系厚度小于 30m，地下水水位在基岩面以上波动。

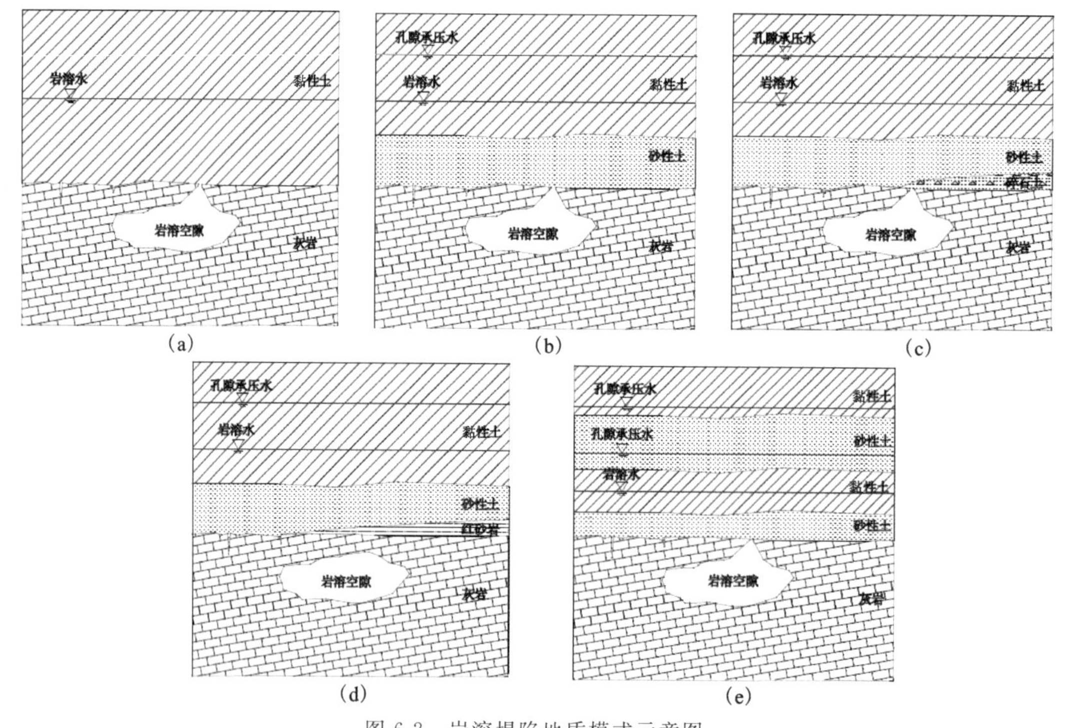

图 6-2　岩溶塌陷地质模式示意图

二、岩溶塌陷致塌模式

由于受力状态不同，岩土体产生的力学效应也不一样，形成塌陷的过程不同，存在不同的致塌模式。根据武汉市历次岩溶塌陷过程分析，武汉市岩溶塌陷致塌模式可归纳为 9 种类型。

1. 潜蚀-重力(自重)致塌模式

该模式主要为在自然条件下,地下水渗流对土体颗粒产生影响,使细小颗粒随地下水向岩溶裂隙中运移。土体变得疏松,逐步形成土洞,而且土洞不断发展扩大,最终在重力作用下导致塌陷(图 6-3)。阮家巷(1983 年)、陆家街(1988 年)、毛坦港小学(1999 年)等地早期塌陷均为此类致塌模式,主要分布于第三条带的覆盖型岩溶区的临江地段,上覆“上黏下砂”双层土体,且砂土层较厚、黏土层较薄。

2. 垂直渗压-重力(自重)致塌模式

当降水补给地下水时,引发地下水水位上升,导致地下水垂向上水头差发生变化,垂向渗透压力增大。当渗透压力达到一定值时,土体结构被破坏。土颗粒随地下水水流产生运移,形成土洞。另外,在降水条件下,上覆土体接受降水补给,自重加大,土体物理力学性质及强度降低,抗塌力减小,当致塌力大于土拱的抗塌力时,即产生岩溶塌陷。此类塌陷模式也多为自然塌陷,如 2000 年,因连续强降水导致的武昌区涂家沟武汉市司法学校自然塌陷,即为此种岩溶塌陷模式。

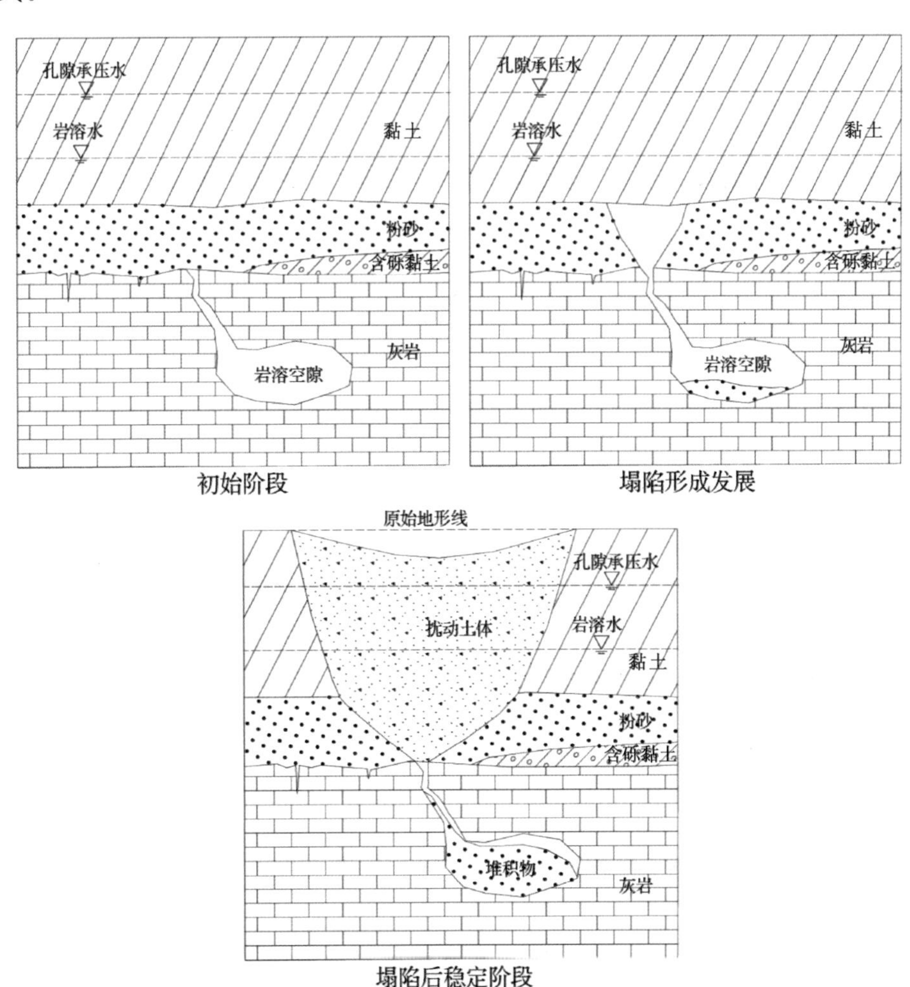

图 6-3　潜蚀-重力(自重)致塌模式岩溶塌陷发展示意图

3. 吸蚀致塌模式

因开采岩溶地下水，导致岩溶地下水水位下降，产生真空吸蚀作用。伴随上覆土层中的地下水潜蚀作用，形成土洞，并发展扩大。在重力和吸蚀力的作用下，土洞附近土体失稳垮塌，从而导致岩溶塌陷(图 6-4)。如 1997 年汉阳区中南轧钢厂岩溶塌陷(第四系为"上黏下砂"二元结构)和 2001 年 5 月 30 日武汉市江夏区乌龙泉京广线 1241＋070 岩溶塌陷(第四系为单层黏土)即为此种塌陷模式。

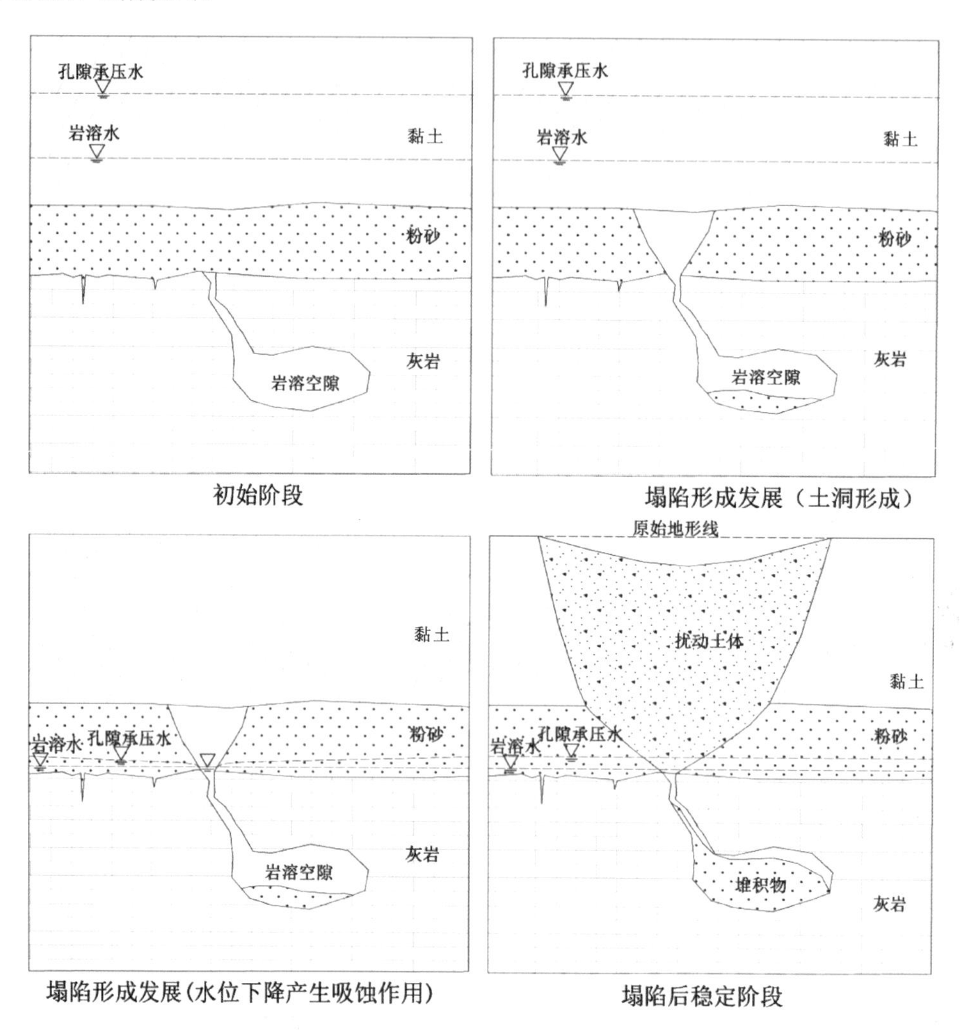

图 6-4　吸蚀致塌模式岩溶塌陷发展示意图

4. 振动-重力(自重和荷载)致塌模式

在自然条件下，上覆土层因地表附加荷载和外力振动，致使土体结构破坏、黏聚力降低，在重力(土体自重和荷载重力)作用下土洞上部土体垮塌，形成岩溶塌陷。如 2010 年 4 月 18 日洪山区青菱乡烽火村白沙洲大道佳韵小区岩溶塌陷即因载重车辆驶过，在振动及重力作用下发生。

5. 岩层顶板破坏-垂直渗压致塌模式

该模式主要是人为钻探施工过程中带水钻进，钻探揭露土洞(溶洞)顶板处相对阻水的泥质粉砂岩等瞬间，钻进的循环水大量涌入，具有较大水头差和渗透压力，甚至有水流裹挟大量上覆第四系砂性土向下运移。在重力和振动作用下，上覆土体失稳破坏，形成岩溶塌陷(图 6-5)。此类塌陷模式一般表现在塌陷发生快、塌陷坑发展迅速、塌陷形成至基本稳定时间短，往往土体塌陷的同时还伴随有岩体塌陷，如 2013 年毛坦港某工地岩溶塌陷即为此种塌陷模式。

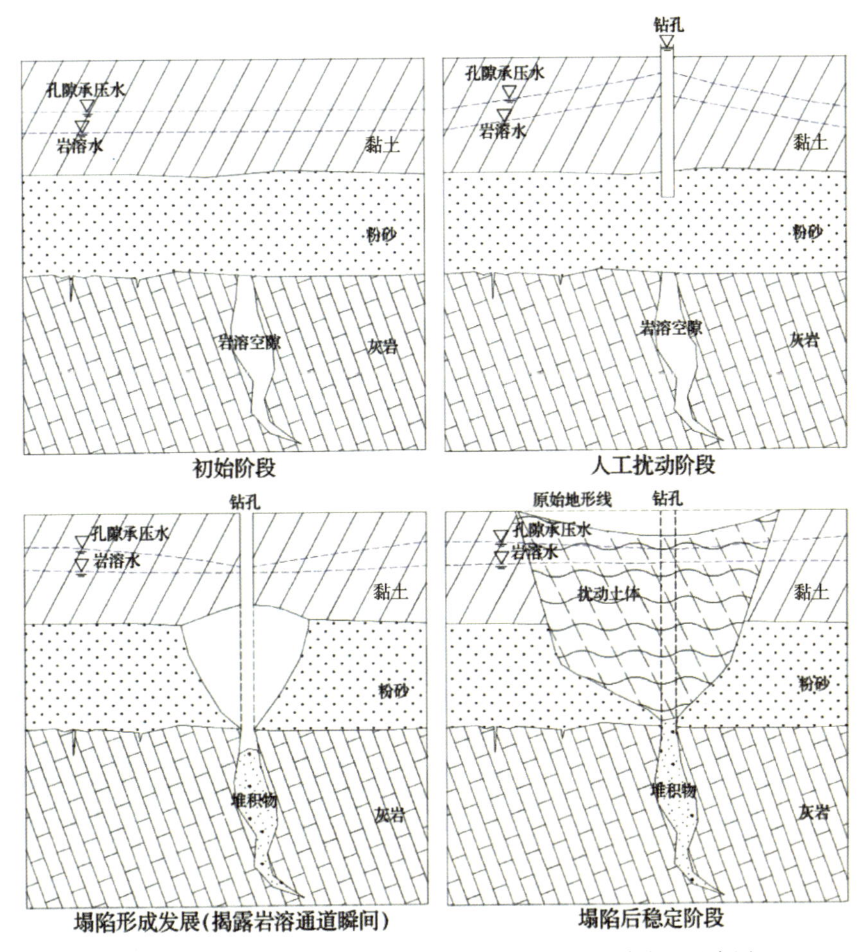

图 6-5　岩层顶板破坏-垂直渗压致塌模式岩溶塌陷发展示意图

6. 岩层顶板破坏-渗流液化致塌模式

该模式主要是桩基施工及有其他振动发生时，如桩基施工等采用重锤冲击振动作用下，在饱和砂性土中，地下水往复波动，短时间内发生潜蚀、渗流液化，大量砂土溃入下部岩溶空隙，在第四系中快速形成土洞。土洞上部土体或岩体在自重或外部荷载、振动作用下塌陷，从而形成岩溶塌陷(图 6-6)。如 2011 年武昌区积玉桥武汉市民政学校岩溶塌陷即为此种塌陷模式。

7. 崩解-土洞顶部破坏-重力(自重和荷载)致塌模式

可溶岩岩溶发育区上覆单层黏土时，岩溶空隙上方第四系黏土因潜蚀形成土洞，土洞处黏土遇地下水及钻探循环水时发生崩解，土体结构遭到破坏，黏聚力降低，土洞顶部因开挖等导致土拱结构和应力破坏，在土体自身重力和荷载作用下发生塌陷。如 2014 年江夏区大桥新区某工地岩溶塌陷即为此种塌陷模式。

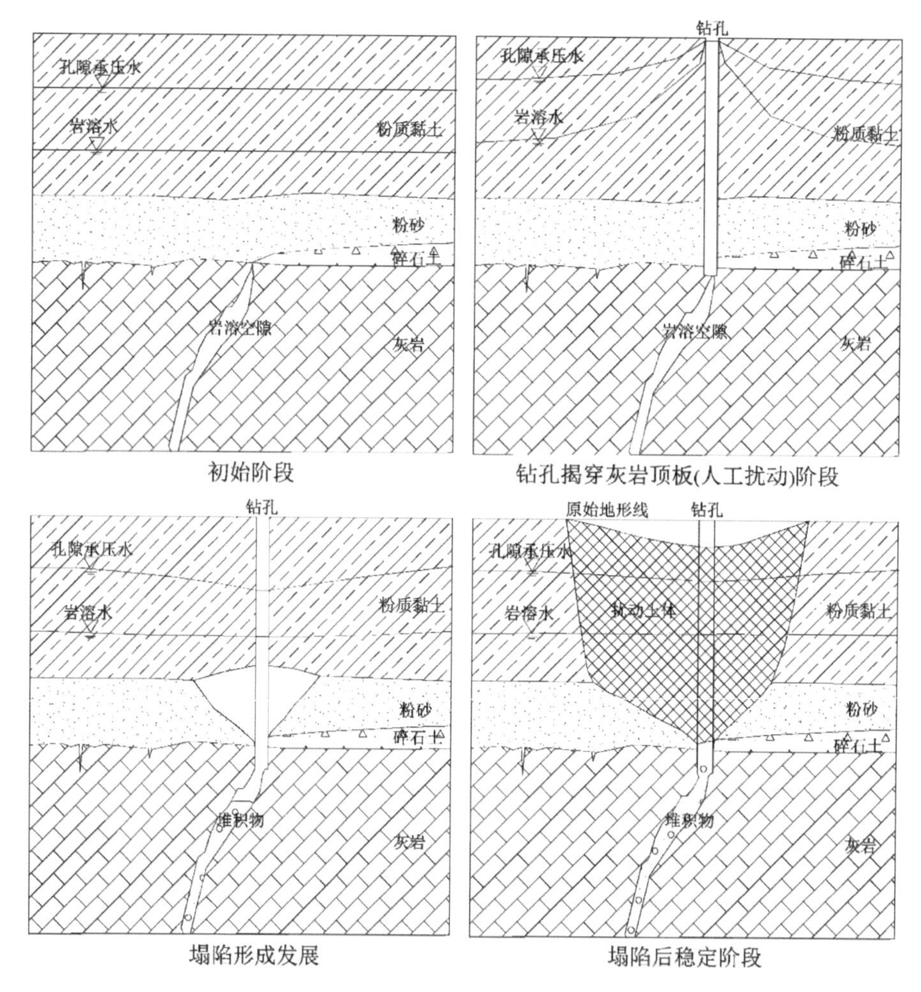

图 6-6　岩层顶板破坏-渗流液化致塌模式岩溶塌陷形成过程示意图

8. 潜蚀-振动-重力(自重和荷载)致塌模式

可溶岩岩溶发育区上覆单层黏土时，因第四系下伏可溶岩中存在空隙，在地下水潜蚀作用下形成土洞，土洞临空面土体不断剥离垮落。此外，外部振动作用导致土体结构发生破坏，土洞抗塌力减弱，而外部荷载导致土体致塌力增大，在多重机制作用下岩溶塌陷发生。如 2016 年武汉东方明浒混凝土有限公司厂区岩溶塌陷即为此种塌陷模式。

9. 水击-渗流液化致塌模式

岩溶塌陷的产生，使地下水水位发生波动，地下水(气)压力发生波动且向塌陷区周边传导，形成水击效应。在地下水水位的不断升降变化过程中，尤其是岩溶地下水水位或承压水头低于孔隙水位时，发生垂直渗流，先在砂层中发生潜蚀作用，形成漏斗状疏松体；进而因垂直渗流作用的加剧，局部水力坡度加大，砂层呈液化状态流入岩溶空洞，从而在砂层上部形成“空洞”；在“空洞”发展到一定阶段，在自重或外部荷载作用下，上部黏性土盖层崩落即产生连锁反应方式的塌陷。如 2014 年江夏区法泗街长虹村、八塘村岩溶塌陷，在 2d 时间内，15 410m^2 范围连续发生岩溶塌陷，形成除施工处外的另 18 个塌陷坑。

武汉市岩溶塌陷发生往往是某一种致塌模式，个别塌陷为复合致塌模式(表 6-4)。

表 6-4　武汉市岩溶塌陷地质模式和致塌模式一览表

序号	塌陷名称	地质模式	致塌模式
1	武昌区丁公庙岩溶塌陷	c_2	潜蚀-重力致塌模式
2	汉阳区中南轧钢厂岩溶塌陷	b_1	吸蚀致塌模式
3	武昌区阮家巷岩溶塌陷(1983 年 7 月)	b_1	潜蚀-重力致塌模式
	武昌区阮家巷岩溶塌陷(2005 年 8 月 22 日)	b_1	垂直渗压-重力致塌模式
4	武昌区陆家街岩溶塌陷	b_1	潜蚀-重力致塌模式
5	江夏区金口街金水一村岩溶塌陷	b_1	潜蚀-重力致塌模式
6	洪山区毛坦港小学岩溶塌陷	b_1	潜蚀-重力致塌模式
7	武昌区涂家沟武汉市司法学校岩溶塌陷	b_2	垂直渗压-重力致塌模式
8	洪山区青菱乡烽火村乔木湾岩溶塌陷(1997 年)	b_1	吸蚀致塌模式
	洪山区青菱乡烽火村乔木湾岩溶塌陷(2000 年 3 月)	b_1	吸蚀致塌模式
	洪山区青菱乡烽火村乔木湾岩溶塌陷(2000 年 4 月 6—11 日)	b_1	吸蚀致塌模式
	洪山区青菱乡烽火村乔木湾岩溶塌陷(2005 年 8 月 10 日)	c_1	潜蚀-重力致塌模式
9	江夏区乌龙泉京广线 1241+070 岩溶塌陷	a_1	吸蚀致塌模式
10	武昌区阮家巷长江紫都花园岩溶塌陷	c_2	岩层顶板破坏-垂直渗压致塌模式
11	汉南区纱帽街陡埠村岩溶塌陷	b_1	岩层顶板破坏-垂直渗压致塌模式
12	武昌区白沙洲大道武泰闸岩溶塌陷(2009 年 6 月 10 日)	c_1	岩层顶板破坏-垂直渗压致塌模式
	武昌区白沙洲大道武泰闸岩溶塌陷(2009 年 12 月 16 日)	b_1	岩层顶板破坏-渗流液化致塌模式
13	武昌区白沙洲大道烽火村段岩溶塌陷(2009 年 6 月 17 日)	d	岩层顶板破坏-渗流液化致塌模式
	武昌区白沙洲大道烽火村段岩溶塌陷(2009 年 6 月 27 日)	d	岩层顶板破坏-垂直渗压致塌模式

续表 6-4

序号	塌陷名称	地质模式	致塌模式
14	洪山区白沙洲大道张家湾段岩溶塌陷	b_1	岩层顶板破坏-渗流液化致塌模式
15	洪山区烽火村钢材市场白沙洲大道 Z118＃墩岩溶塌陷	b_1	岩层顶板破坏-渗流液化致塌模式
16	洪山区青菱乡光霞村五组岩溶塌陷	b_1	岩层顶板破坏-垂直渗压致塌模式
17	洪山区青菱乡烽火村白沙洲大道佳韵小区岩溶塌陷	b_1	振动-重力致塌模式
18	洪山区南湖变电站岩溶塌陷	c_2	岩层顶板破坏-渗流液化致塌模式
19	洪山区红旗欣居 B 区岩溶塌陷	b_1	岩层顶板破坏-渗流液化致塌模式
20	武昌区积玉桥武汉市民政学校岩溶塌陷	c_2	岩层顶板破坏-渗流液化致塌模式
21	江夏区金水农场金水办事处农科所菜地岩溶塌陷	b_1、e	岩层顶板破坏-垂直渗压致塌模式
22	洪山区毛坦港某工地岩溶塌陷	d	岩层顶板破坏-垂直渗压致塌模式
23	汉阳区拦江路某工地岩溶塌陷	b_1	岩层顶板破坏-垂直渗压致塌模式
24	江夏区大桥新区某工地岩溶塌陷	a_1	崩解-土洞顶部破坏-重力致塌模式
25	洪山区张家湾街烽火村还建地块岩溶塌陷	c_2	岩层顶板破坏-渗流液化致塌模式

续表 6-4

序号	塌陷名称	地质模式	致塌模式
26	江夏区法泗街长虹村、八塘村岩溶塌陷	b_1、e	岩层顶板破坏-渗流液化致塌模式，水击-渗流液化致塌模式
27	汉阳区鹦鹉大道乐福园酒楼锦绣长江店北岩溶塌陷	b_1	岩层顶板破坏-垂直渗压致塌模式
28	汉阳区鹦鹉大道地铁 6 号线 K12＋583 岩溶塌陷	b_1	岩层顶板破坏-垂直渗压致塌模式
29	武汉东方明浒混凝土有限公司厂区岩溶塌陷	a_2	潜蚀-振动-加载致塌模式
30	洪山区张家湾街烽火村岩溶塌陷	b_1	N/A
31	洪山区烽胜路保利·新武昌段岩溶塌陷	b_1	岩层顶板破坏-垂直渗压致塌模式
32	江夏区纸坊街青龙南路实验高中岩溶塌陷（2018 年 3 月16 日）	a_1	崩解-土洞顶部破坏-重力致塌模式
	江夏区纸坊街青龙南路实验高中岩溶塌陷（2018 年 9 月7 日）	a_1	崩解-土洞顶部破坏-重力致塌模式
33	江夏区纸坊街一人行道路岩溶塌陷	a_1	潜蚀-重力致塌模式

第七章

典型岩溶塌陷案例分析

一、洪山区张家湾街烽火村还建地块岩溶塌陷

（一）塌陷概况

洪山区张家湾街烽火村还建地块岩溶塌陷位于武汉市洪山区烽火村白沙洲大道东侧与烽胜路交会处的烽火村还建楼地块施工场地内。该施工场地自2014年5月31日起进行桩基施工，直至6月8日晚上，共引发8个岩溶塌陷坑（图7-1、图7-2），塌陷坑呈串珠状排列，整体走向呈近东西，规模大小不一，单坑具体情况详见表7-1和图7-3。

图7-1　1#塌陷坑

图7-2　7#塌陷坑

表7-1　烽火村岩溶塌陷单坑情况一览表

塌陷坑编号	面积/m^2	平面形态	剖面形态	长度/半径/m	深度/m
1#	80	圆形	碟形	5.05	4.5
2#	50	圆形	碟形	3.99	1
3#	12	圆形	碟形	1.95	3
4#	15	圆形	碟形	2.19	4
5#	3	圆形	碟形	1.70	0.5
6#	6	圆形	碟形	1.38	1
7#	90	圆形	碟形	5.35	4
8#	50	圆形	碟形	3.99	3

塌陷发生后，施工方立即采取了回填工程处理，现今原塌陷地面平整，塌陷已趋稳定，未见新的变形迹象。

（二）地质结构

该塌陷所处构造部位属于荷叶山倒转向斜近核部，临近青菱寺压扭性断裂，该地段属覆盖型岩溶区。

根据该塌陷处北侧约30m处钻探资料，该处地层从上到下依次为杂填土、粉质黏土、粉砂、含砾石粉质黏土、灰岩，第四系全新统堆积层厚度约27.20m（图7-4）。

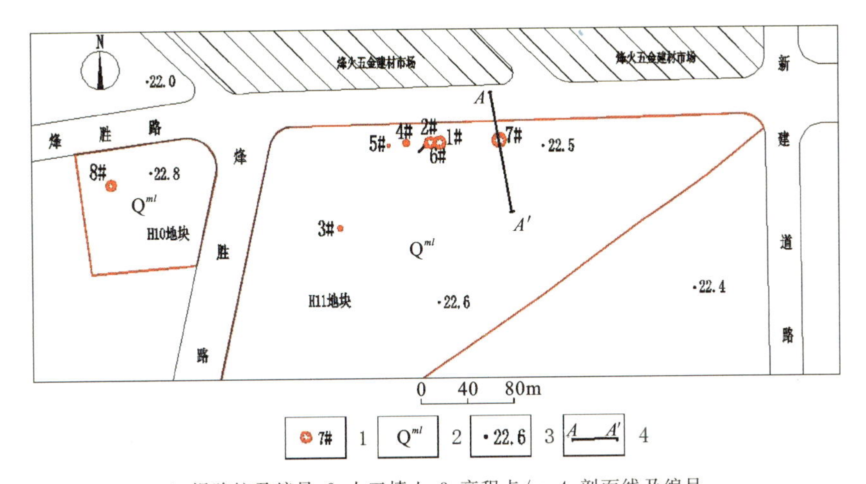

1. 塌陷坑及编号；2. 人工填土；3. 高程点/m；4. 剖面线及编号

图 7-3 洪山区张家湾街烽火村还建地块岩溶塌陷平面位置示意图

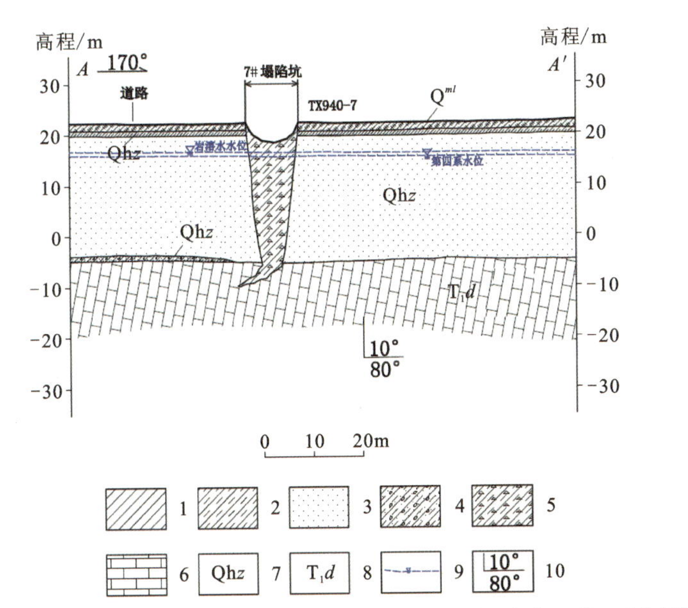

1. 杂填土；2. 粉质黏土；3. 粉砂；4. 含砾粉质黏土；5. 塌积物；6. 灰岩 7. 第四系全新统走马岭组冲积层；8. 下三叠统大冶组；9. 地下水水位线；10. 岩层产状

图 7-4 洪山区张家湾街烽火村还建地块岩溶塌陷剖面示意图

（三）水文地质条件

塌陷地段上覆松散盖层中粉细砂层赋存孔隙承压水，下伏碳酸盐岩赋存裂隙岩溶水，两者之间无隔水层存在，水力联系密切。松散岩类孔隙承压水含水层厚度 23.7m，含水层顶板埋深 2.5m 左右，目前监测期内的平水期地下水水位埋深 6.37m 左右；下伏裂隙岩溶水含水层顶板埋深 27.20m，目前监测期内的平水期地下水水位埋深约 5.5m，下部岩溶水水位高于上部孔隙承压水水头为 0.8～1.0m。

(四)成因分析

结合地面调查及访问情况,对形成岩溶塌陷的可能原因分析如下。

1. 地质因素

塌陷处为覆盖型岩溶区,该片区域广泛分布极易产生渗透变形破坏的粉细砂层,下伏灰岩直接与第四系粉细砂接触,加上第四系松散岩类孔隙承压水与岩溶水之间无相对隔水层,水力联系密切,灰岩中岩溶发育较强。两类地下水在运移过程中条件适宜时产生渗透变形,将砂土向灰岩溶洞或岩溶裂隙中搬运,掏空覆盖层形成地面塌陷。

2. 人为因素

该区域当时在采用冲击钻成桩施工,钻探等人类工程活动揭穿溶洞顶板,使得岩溶通道重新连通,钻探施工循环水向岩溶水渗透路径迅速减小,水力梯度超过临界值,粉细砂层渗透破坏,而岩土接触面处原有的岩溶裂隙中充填或半充填的堆积物因往复振动产生类似"砂土液化"效应,粉砂、粉细砂、细砂等细小颗粒向灰岩溶洞或岩溶裂隙中不断潜蚀运移,使得上覆盖层中形成土洞,当土洞不能承受上覆土层的重量时,上部土层在自重作用下下陷,最终形成岩溶塌陷。

综上所述,分析认为该处岩溶塌陷是人类活动诱发产生的。

二、江夏区大桥新区某工地岩溶塌陷

(一)塌陷概况

该塌陷发生于2014年5月2日,位于武汉市江夏区大桥新区红旗村,西侧为文化大道,东靠汤逊湖畔(图7-5)。塌陷坑位于某在建工程场区内。塌陷初期,塌陷处呈圆柱状,北侧坑壁近垂直,从筏板基础处算起,塌陷坑深度约12m,如若加上施工基坑深约7m,则深度将近20m。塌陷坑呈东西向展布,塌陷地面坑口呈长条形,短轴约南北向展布,长10余米,长轴方向约东西向展布,长度超过15m,估计总面积接近200m^2(图7-6、图7-7)。塌陷坑内无地下水,周边调查未见发生裂缝。塌陷造成两人失踪,一台钻机被掩埋,在建的1#楼(设计17层,已建成3层)筏板基础垫层塌陷,筏板基础东侧悬空,造成很大经济损失,工程建设停工。

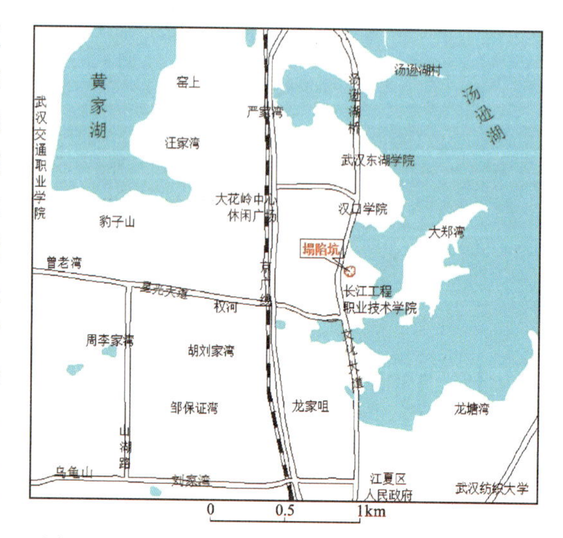

图7-5 江夏区大桥新区某工地岩溶塌陷平面图

(二)地质结构

塌陷区地层岩性自上而下为(图7-8):

0～2.5m,素填土,杂色,湿,松散,主要由黏性土组成,夹碎石、灰渣及植物根系,为新近堆填土。

图 7-6 塌陷坑初期全貌

图 7-7 塌陷坑开挖面

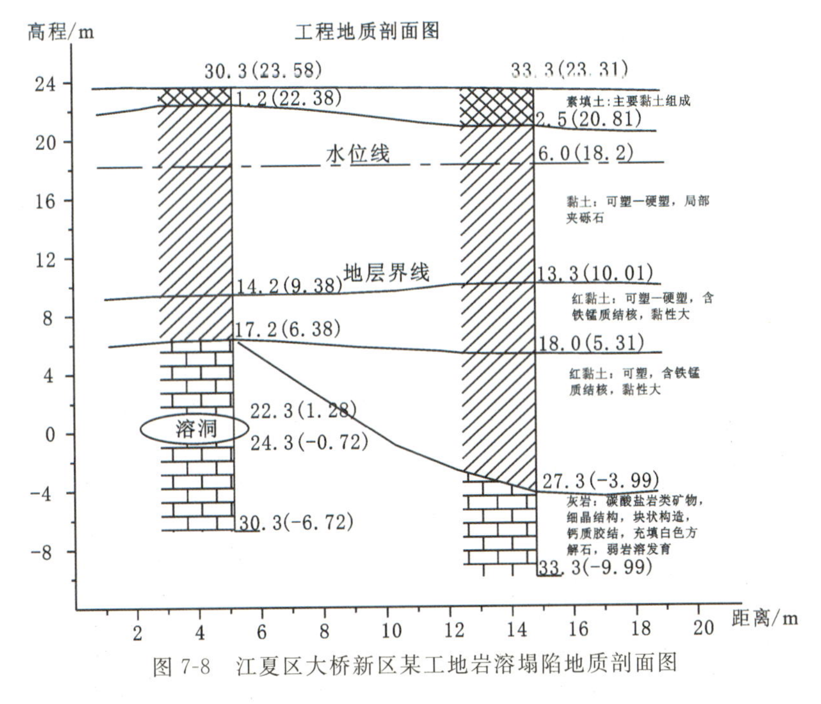

图 7-8 江夏区大桥新区某工地岩溶塌陷地质剖面图

2.5～13.3m，第四系中更新统王家店组洪冲积黏土，褐色、褐红色，可塑—硬塑状态，含褐色铁锰氧化物。局部夹有少量砾石，粒径 0.1～2.0cm，最大达 3cm，呈棱角—次棱角状。

13.3～18.0m，红黏土，褐黄色、褐红色，可塑—硬塑状态，含铁锰氧化物，黏性大。

18.0～27.3m，红黏土，褐黄色、褐红色，可塑状态，含铁锰氧化物，黏性大。

27.3～33.3m，中石炭统黄龙组灰岩，灰—灰白色，白云岩、角砾状白云岩和块状灰泥岩、生物屑灰岩、白云质灰泥岩，主要矿物成分为碳酸盐类矿物，细晶结构，块状构造，钙质胶结，裂隙一般发育，充填白色方解石脉，局部岩溶弱发育。岩芯平均采取率 60%～80%，部分钻孔中有溶洞。溶洞中均被软—可塑状态黏土或夹碎灰岩块充填。有掉钻及失水现象。

(三)成因分析

结合地面调查情况，对形成岩溶塌陷的原因分析如下。

1. 自然因素

塌陷处基岩为碳酸盐岩，岩溶(溶洞、溶沟、溶槽)发育，碳酸盐岩上覆两层红黏土，第一层13.3～18.0m红黏土，褐黄色、褐红色，可塑—硬塑状态，含铁锰氧化物，黏性大；第二层18.0～27.3m红黏土，褐黄色、褐红色，可塑状态，含铁锰氧化物，黏性大。

红黏土土体中不规则裂隙发育，而且裂隙面充填有泥膜或泥质物，在含水率较低时，土体的承载力和抗剪强度较高；但是随着含水率升高，土体承载力和抗剪强度降低，并随含水率的增大，其降低越显著，当达到饱和时土体自稳能力差，此时会向溶洞、溶隙内产生明显的变形位移。当下部存在土洞时，上部呈块状的红黏土和网纹红土继续下掉，土洞进一步扩大。

2. 人为因素

在后期工程建设加载和振动及荷载作用下，上部的红黏土自稳能力差，红黏土向与溶隙连通的溶洞中运移，在红黏土和黏土层中逐步形成土洞。先期出现地面沉降，随后发生岩溶塌陷。

三、汉阳区鹦鹉大道乐福园酒楼锦绣长江店北岩溶塌陷

(一)塌陷概况

该塌陷发生于2015年8月10日，位于汉阳区鹦鹉大道乐福园酒楼锦绣长江店北处，场地建造活动板房(图7-9)。塌陷坑平面呈圆状，直径约5m，可见深度大于6m，坑壁近直立，坑底未见地下水出露。图7-10、图7-11中的塌陷造成两名人员失踪，两层活动板房遭受破坏。

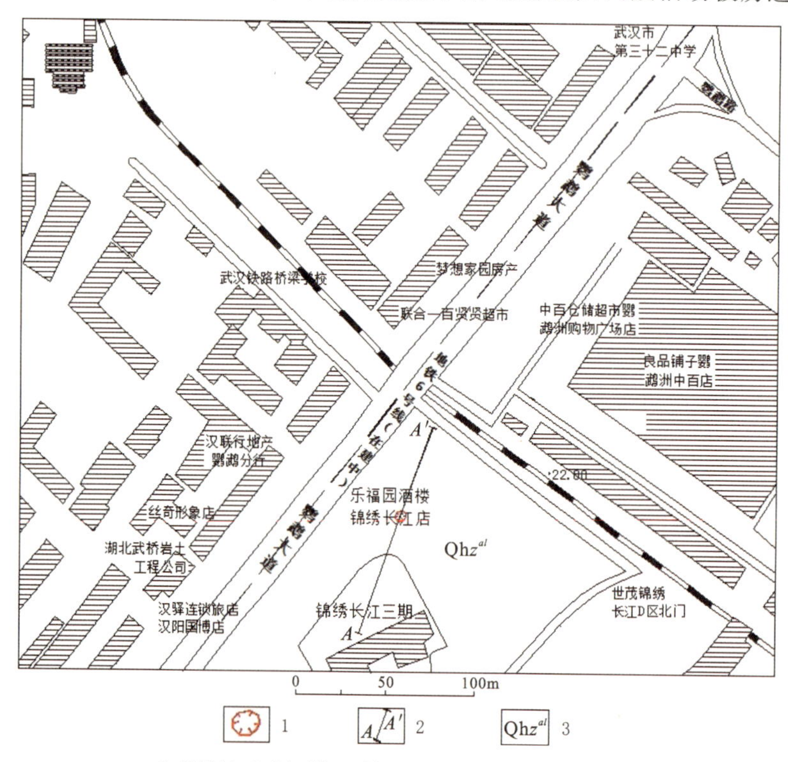

1.塌陷坑；2.剖面线；3.第四系全新统走马岭组冲积层

图7-9 汉阳区鹦鹉大道乐福园酒楼锦绣长江店北岩溶塌陷平面图

图 7-10　塌陷坑初期全貌

图 7-11　塌陷坑开挖面

该塌陷发生的 3 天前，即 2015 年 8 月 7 日，武汉市汉阳区鹦鹉大道地铁 6 号线 K12＋583 因注浆引孔施工发生岩溶塌陷，距本次塌陷坑 60m 左右。

（二）地质结构

塌陷区位于长江一级阶地。上覆土层具“上黏下砂”双层结构，粉质黏土厚 3.0m，砂层厚 22.5；下伏基岩为中二叠统栖霞组（P_2q）灰岩，岩溶较发育，形态以溶隙型溶洞为主，多全充填，少量无充填，主要分布于基岩面以下 5m 内（图 7-12）。

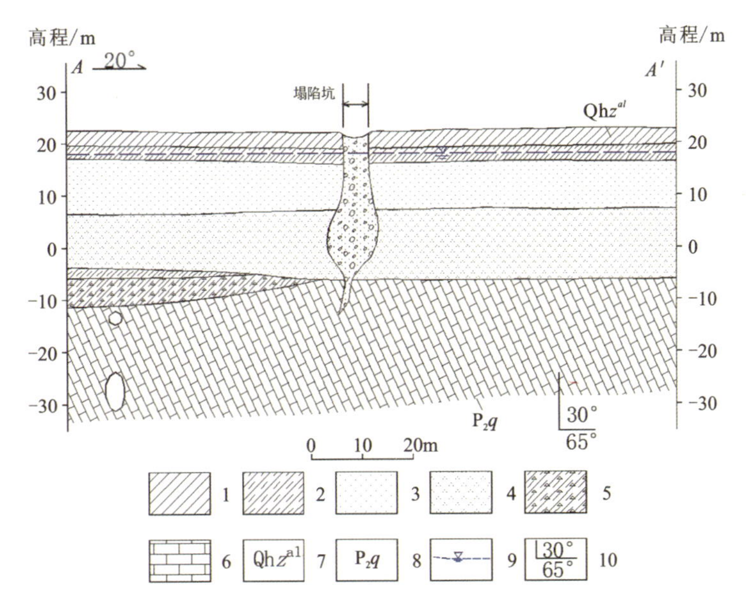

1. 黏土；2. 粉质黏土；3. 粉砂；4. 中砂；5. 含碎石黏土；6. 灰岩；7. 第四系全新统冲积层

8. 中二叠统栖霞组；9. 裂隙岩溶水水位高程；10. 地层产状

图 7-12　汉阳区鹦鹉大道乐福园酒楼锦绣长江店北岩溶塌陷地质剖面图

（三）水文地质条件

该处松散岩类孔隙承压水和裂隙岩溶水水量丰富，与长江水力联系较密切。区内砂性土与灰岩地层直接接触，在地下水水位急剧变化或其他工程活动诱发下，易发生岩溶塌陷。

(四)成因分析

该处埋藏的石灰岩岩溶发育,上覆厚层粉细砂和中细砂,第四系孔隙承压水和岩溶水丰富,与长江水力联系密切,具备形成岩溶塌陷的有利地质条件。在周边人类工程活动下,使第四系孔隙承压水水头高于下部岩溶水水头,并达到砂性土渗透变形的临界值,在有开口溶洞处,导致黏性土下伏的粉细砂、中细砂流失到岩溶溶洞和溶隙中,引发岩溶塌陷。

四、汉南区纱帽街陡埠村岩溶塌陷

(一)塌陷概况

该岩溶塌陷发生于2008年2月29日2:00左右,位于武汉市汉南区纱帽街陡埠村长江干堤(桩号354+600～354+900)西侧,距离堤脚为100～400m(图7-13),共产生6个塌陷坑,塌陷坑总体走向呈近东西向展布,规模大小不一,总面积约17 560m^2。

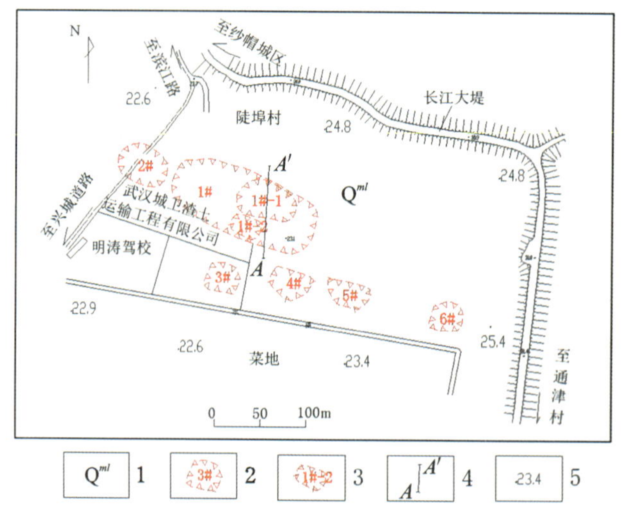

1.人工填土;2.塌陷坑及编号;3.次级塌陷坑及编号;4.剖面线及编号;5.高程点

图7-13 汉南区纱帽街陡埠村岩溶塌陷平面图

1#塌陷坑发生于2008年2月29日2:00,至3月4日7:00基本稳定。塌陷坑大致呈椭圆形,长轴140.3m(方位角110°),短轴68.3m,塌陷面积11 500m^2,塌陷坑中心深度6.7m。塌陷坑中心至塌陷坑边界出现多条弧形裂缝,缝宽2～20cm,可见深度20～70cm,垂向错距5～50cm。塌陷坑内有2个次级塌陷,其中1#-1塌陷坑位于1#塌陷坑内东北角,其大致呈圆形,长轴62m(方位角110°),短轴42m,塌陷面积2580m^2,塌陷坑中心深度6.9m;1#-2塌陷坑位于1#塌陷坑内东南角,其大致呈椭圆形,长轴39m(方位角110°),短轴25m,塌陷面积950m^2,塌陷坑中心深度3.2m。

2#塌陷坑发生于2008年2月29日13:30,至3月6日17:00基本稳定。塌陷坑大致呈椭圆形,长轴57m(方位角110°),短轴45m,塌陷面积2530m^2,陷坑中心深度3.49m。塌陷坑中心至塌陷坑边界出现多条弧形裂缝,缝宽2～10cm,可见深度20～50cm,垂向错距1～10cm。塌陷坑中心积水区域34.25m×9.72m,积水深度约1.785m,据调查系地表水汇聚所致。该塌陷坑导致一条村级公路毁坏，毁路长度45m。塌陷坑西侧一栋在建民房地基出现下沉并拉裂破坏。

另外4个塌陷坑分布于1#塌陷坑南、南东侧，其中：3#塌陷坑呈近圆形，直径约40.0m，深度2.00m；4#塌陷坑呈似椭圆形，长轴44.0m（方位角100°），短轴31.0m，深度1.00m；5#塌陷坑呈似椭圆形，长轴49.0m（方位角100°），短轴26.0m，深度0.30m；6#塌陷坑呈近圆形，直径约31.0m，深度1.80m（表7-2）。

表7-2　汉南区纱帽街陡埠村岩溶塌陷单坑情况一览表

塌陷坑编号	平面形态	剖面形态	长轴/m	短轴/m	可见深度/m	方位角/(°)	面积/m²	备注
1#	椭圆形	锥状	140.3	68.3	3.20～6.90	110	11 500	
2#	椭圆形	锥状	57.0	45.0	3.49	110	2530	—
3#	圆形	锥状	40.0	40.0	2.00	—	—	
4#	椭圆形	碟状	44.0	31.0	1.00	100	—	—
5#	椭圆形	碟状	49.0	26.0	0.30	100	—	—
6#	圆形	锥状	31.0	31.0	1.80	—	—	—

另据调查，2008年1月塌陷区曾发生4处岩溶塌陷，塌陷发生后进行了填埋，目前塌陷坑迹象不明显。

2#塌陷坑导致一条村级公路毁坏45m，塌陷坑西侧一栋在建民房地基出现下沉并拉裂破坏；1#塌陷坑处有3栋在建房屋出现显著变形，已严重损坏（图7-14、图7-15）。塌陷发生后，江城村苑住宅小区工程项目停止开发建设，周边地面、房屋不同程度开裂，塌陷区北西侧水井、路面出现不同程度冒水、渗水现象。严重影响了周边居民正常生活，威胁居民与施工人员生命财产安全，制约了城市发展。

塌陷区已采取回填工程处理，并高出原地形面1～2m，周边采用围墙隔开，村级公路已恢复。2009年6月30日，塌陷区及周边发生地面变形，塌陷回填区排水沟开裂、两侧地面下沉，周边水泥路面开裂，但据周边裂缝、沉降监测点数据显示并无明显变化。此次调查，塌陷区并无异常状况发生，现作为汉南区城卫渣土运输工程有限公司、驾校及荒地使用。

图7-14　陡埠村塌陷1#塌陷坑

图7-15　陡埠村塌陷1#-2塌陷坑

（二）地质结构

该塌陷处在构造部位上属于三门湖背斜南翼，为覆盖型岩溶区。

根据钻探资料、江城春苑小区勘察资料和超前钻资料可知，塌陷区上覆盖层为第四系全新统走马岭组冲积物（Qhz^{al}），具“上黏下砂”二元结构，依次为粉质黏土、淤泥质粉质黏土、粉土夹粉质黏土与粉砂、粉砂夹粉土，总体厚度为25～27m，其中上部黏性土厚约10m，下部砂性土层厚约15m，局部区域底部有厚为0.4～1m残积土。下伏基岩为中下三叠统嘉陵江组（$T_{1\text{-}2}j$）灰岩（图7-16）。

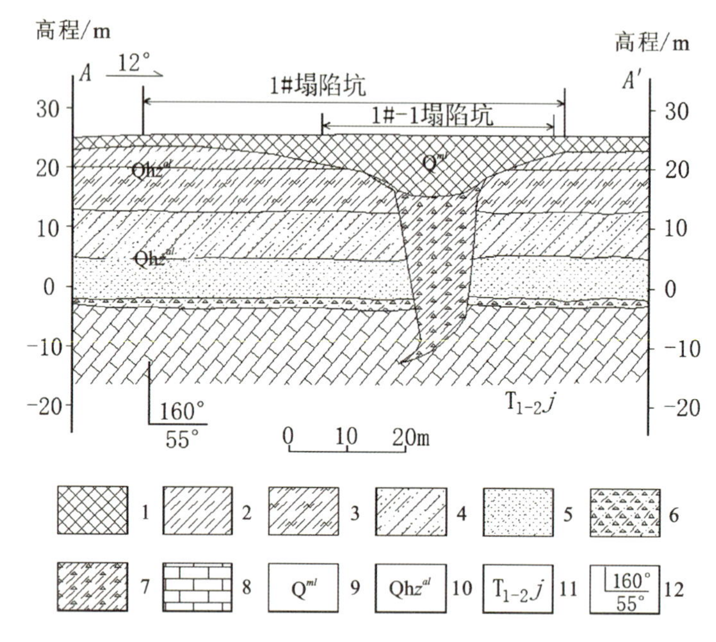

1.填土；2.粉质黏土；3.淤泥质粉质黏土；4.粉土夹粉质黏土；5.粉砂夹粉土；6.碎石土；7.塌积物；8.灰岩；9.人工填土；10.第四系全新统走马岭组冲积层；11.中下三叠统嘉陵江组；12.岩层产状

图7-16　汉南区纱帽街陡埠村岩溶塌陷1#-1塌陷坑剖面示意图

（三）水文地质条件

该处松散岩类孔隙承压水和裂隙岩溶水水量丰富，与长江水力联系较密切。区内局部地段砂性土与灰岩地层直接接触，在地下水水位急剧变化或其他工程活动诱发下，易发生岩溶塌陷。

（四）成因分析

经综合分析，本次岩溶塌陷受自然和人为两方面因素的影响。

1.自然因素

塌陷区属长江一级阶地前缘，距长江岸边垂直距离约400m，该区地下水与长江水有着较密切的水力联系。丰水期长江水位高于地下水水位，江水补给地下水；枯水期和平水期，地下水水位高于长江水位，地下水反过来向长江排泄。同时，上部第四系孔隙水与下部碳酸盐岩岩溶水存在较强的水量交换。由于江水、上部第四系孔隙水、下部碳酸盐岩岩溶水在长期水动力交替循环作用下，不断带走上覆第四系松散堆积层中的粉土和粉砂颗粒，从而形成土洞，当土洞达到一定规模时，上覆土体失重，在外力作用下即会产生岩溶塌陷。

据汉南区水管站资料，塌陷发生前长江水位为12.8m(黄海高程)。据汉南区气象局资料，汉南区2008年1—2月降水量(77.2mm)，较往年低(108.3mm)，且以冻雨、雪形式发生，长江水位持续保持在低水位，且受上游冰雪融化的影响，水位变化频繁，使得江水、孔隙水与岩溶水水动力交替循环作用增强，砂土的潜蚀作用加剧，促进了土洞的扩大，一旦受其他外部条件影响，就可能引发该区岩溶塌陷。

2. 人为因素

塌陷区属江城春苑小区场地一期工程拟建多层及小高层住宅楼(含2层商业门点)共10栋，总建筑面积约40 768.10m^2；二期工程拟建5栋高层和小高层住宅楼以及附属广场(带一层地下室)、会所以及幼儿园、物管用房等设施，总建筑面积约79 643.18m^2(不含地下室)。

地面塌陷发生前，该场地正在进行超前钻和管桩施工，钻探施工破坏了场区的地质结构(揭穿了下伏基岩的残积层)，使第四系孔隙水直接补给岩溶水，增强了第四系孔隙水补给岩溶水的强度，从而使砂土潜蚀作用加强，加剧了空洞的扩大，另外，钻探施工回水加快了砂土的潜蚀、管桩施工的振动破坏了土层的稳定。因此，人类工程活动加快了岩溶塌陷的发展。

综上所述，塌陷区特有的地质环境条件是岩溶塌陷形成的内在因素，人类工程活动是其诱发因素，塌陷处的地质模式属于Ⅱ型地质模式，即土层结构为“黏性土—砂性土—碎石土或黏性土”的三层结构。

五、江夏区法泗街长虹村、八塘村岩溶塌陷

(一)塌陷概况

2014年9月1日武汉至深圳高速公路(武嘉高速公路WJTJ-5标段)施工人员发现，在桥梁桩基冲击成孔过程中有轻微漏浆现象，在随后几天的施工过程中，部分钻孔漏浆严重，施工人员对漏浆进行过多次处理。

2014年9月5日11:20左右，武嘉高速公路金水河大桥8#-1桩基钻孔又发生严重漏浆现象，11:40该钻孔施工处首先发生岩溶塌陷，由此诱发了大规模的塌陷，并向东北方向延伸，范围从长虹村跨越金水河延伸至北岸的八塘村，对应主线桩号为K32+880～K33+520，至2014年9月6日17:00时，共产生了19处塌陷坑，塌陷坑总体走向50°～60°，呈串珠状排列，分布于金水河两岸，与金水河流向近垂直，与武嘉高速公路线路走向21°呈30°～40°的角度斜交。

塌陷坑平面形态一般呈椭圆形、圆形，剖面形态多为锥状、碟状，面积大小相差悬殊，最小者为5号坑，仅60m^2，最大者为17号坑，面积达4300m^2，塌陷总面积约1.5万m^2，单坑的展布方向以北东向50°～60°为主；最深的坑为7号坑，约12.9m，最浅者为10号坑，仅0.7m；在塌陷坑周围不同程度地存在深浅和宽度不一的拉张裂缝；2014年9月5日，塌陷坑坑底均未见地下水，至2014年9月6日，一些较深的塌陷坑中出现积水，水位深浅不一。江夏区法泗街长虹村、八塘村岩溶塌陷单坑详见表7-3和图7-17。

表 7-3 江夏区法泗街长虹村、八塘村岩溶塌陷单坑情况一览表

塌陷坑编号	平面形态	剖面形态	长轴/m	短轴/m	可见深度/m	方位角/(°)	面积/m²	坑内水深及状况/m
1#	椭圆形	锥状	19.2	16.0	6.1	65	320	3.6/清水
2#	椭圆形	锥状	13.6	11.0	3.8	65	145	无水
3#	椭圆形	锥状	24.6	19.0	9.4	64	450	5.6/清水
4#	椭圆形	锥状	22.5	18.0	6.8	65	400	3.0/清水
5#	椭圆形	碟状	8.6	6.0	1.0	140	60	无水
6#	椭圆形	锥状	40.0	35.0	7.4	71	1300	5.0/浑浊
7#	椭圆形	锥状	21.0	18.5	12.9	71	310	无水
8#	圆形	锥状	23.0	22.4	4.0	141	400	金水河水面标高 19.9m
9#	椭圆形	锥状	28.5	25.4	9.4	145	580	无水
10#	椭圆形	碟状	30.2	25.8	0.7	52	600	无水
11#	椭圆形	锥状	37.2	26.4	5.7	50	850	1.2/清水
12#	椭圆形	锥状	85.0	37.5	7.0	49	2500	2.3/清水
13#	椭圆形	锥状	26.2	23.0	5.4	89	470	0.3/清水
14#	椭圆形	锥状	23.8	16.3	8.1	73	350	1.0/清水
15#	椭圆形	锥状	53.2	40.5	6.1	50	1700	2.0/清水
16#	椭圆形	锥状	20.8	17.1	7.9	55	280	2.0/清水
17#	椭圆形	锥状	108.0	50.7	9.5	55	4300	1.5/清水
18#	椭圆形	锥状	21.3	19.5	8.0	55	325	0.8/清水
19#	圆形	锥状	5.2	5.2	3.0	无	70	1.5/浑浊

图 7-17 江夏区法泗街长虹村、八塘村岩溶塌陷坑分布图

岩溶塌陷未造成人员伤亡，但造成1栋3层楼(7＃塌陷坑)和2间平房(6＃塌陷坑)完全被毁，2栋3层楼(10＃塌陷坑)严重倾斜；金水河西侧河岸毁坏8m(7＃塌陷坑)(图7-18～图7-21)，金水河东侧河岸毁坏21m(8＃塌陷坑)；1台桩机冲击钻机(3＃塌陷坑)和1个钻头(1＃塌陷坑)被掩埋；武汉至深圳高速公路(武汉至嘉鱼段)施工场地、施工便道遭受破坏，并导致其停工，直至2015年8月恢复；约14 000m^2农田被毁；长虹村、八塘村居民共31户113人撤离，输电线路损坏，周边房屋地表开裂、机民井冒水冒砂，主要通行的公路中断，邻近暂未搬家的居民亦人心不安。极大地制约了城市发展建设，严重威胁了周边居民及施工人员生命财产安全。

图7-18 2014年法泗塌陷4＃塌陷坑

图7-19 2014年法泗塌陷3＃塌陷坑

图7-20 2016年法泗塌陷6＃、7＃塌陷坑

(部分回填、有积水)

图7-21 2016年法泗塌陷10＃塌陷坑

(破坏房屋已拆除)

(二)地质结构

塌陷区在构造部位上属于桂子山向斜南翼，为覆盖型岩溶区。

根据搜集钻孔资料及本次调查工作资料可知，塌陷区上覆盖层为第四系人工填土层、第四系全新统走马岭组冲积层，下伏基岩为中二叠统栖霞组灰岩(图7-22)。

1. 人工填土层

人工填土层可分为耕植土和杂填土。耕植土主要位于水田处，饱水松软，为粉质黏土、淤泥质粉质黏土，含植物根系，松散一稍密状，厚度一般小于1m；杂填土主要分布于堤防及周边

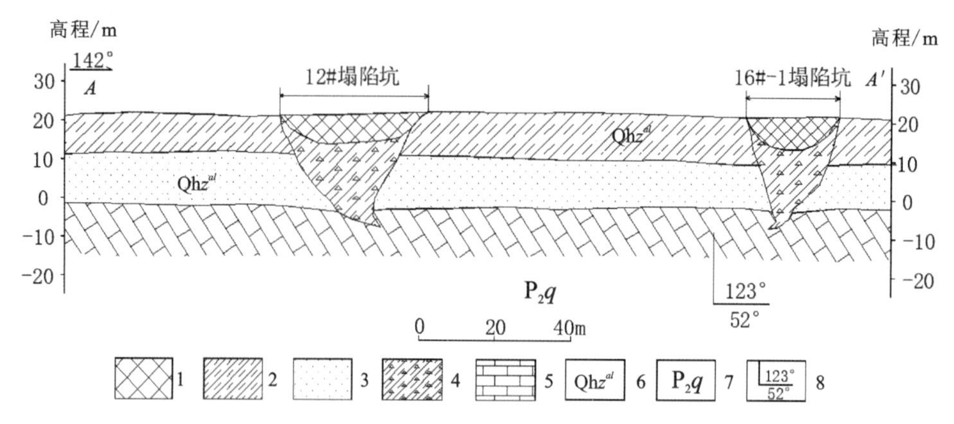

1. 人工填土；2. 粉质黏土；3. 粉细砂；4. 塌积物；5. 灰岩；6. 第四系全新统走马岭组冲积层；

7. 中二叠统栖霞组；8. 岩层产状

图 7-22　江夏区法泗街长虹村、八塘村岩溶塌陷 $A—A'$ 剖面示意图

道路处，以碎块石、建筑垃圾及黏土为主，厚度变化较大，一般在 1.00～3.00m 之间，塌陷坑处回填厚度可达 20m。

2. 全新统走马岭组冲积层

全新统走马岭组冲积层上部为软塑—硬可塑状粉质黏土及黏土，局部分布淤泥质黏土、粉土，厚度在 8.15～17.90m之间。下部为松散—中密状粉细砂或粉土粉砂互层，底部偶见砾砂，厚度在 6.10～24.81m之间。部分钻孔揭露第四系底部残积层，为含砾粉质黏土，碎石母岩以灰岩为主，主要矿物有方解石、石英、云母和长石，该层厚度较小，分布不连续。

3. 中二叠统栖霞组

中二叠统栖霞组为弱白云石化含生物碎屑灰岩，局部含碳质，含生物屑结构，具微层状、块状构造，主要矿物成分为方解石，方解石含量达 78%以上。溶蚀现象局部发育，揭露有溶孔、溶蚀裂隙、溶洞，溶隙一般宽 1～3mm，溶孔直径一般为 2～20mm、最大可达 90mm，溶蚀现象呈不均匀分布。岩石方解石脉发育，脉宽一般为 0.5～3.0cm。

（三）水文地质条件

塌陷地段第四系孔隙承压水较丰富，孔隙承压水主要赋存于粉细砂层中，裂隙岩溶水赋存于下伏灰岩溶蚀裂隙及溶洞中，水量中等。区内多数钻孔揭露第四系粉细砂层直接覆盖于灰岩顶板上，第四系孔隙承压水与岩溶水联通，水力联系密切，互为补给关系。孔隙承压水含水层厚度 6.10～24.81m，含水顶板埋深 8.48～17.90m，地下水水位高程一般为 18.90～20.98m。下伏裂隙岩溶水含水顶板埋深 23.02～38.01m，地下水水位高程一般为 18.50～20.50m。根据收集的资料，局部区域第四系底部有含碎石黏土相对隔水层，厚度不一，该区域裂隙岩溶水与孔隙承压水水力联系较弱。

（四）成因分析

该处岩溶塌陷是人类活动（桩基施工）诱发产生的。

施工塌陷处击穿溶洞顶板瞬间，在循环泥浆和地下水产生的较大水头压力和桩基施工等

采用重锤冲击振动作用下，短时间内发生潜蚀、渗流液化，大量砂土溃入下部岩溶空隙，在第四系中快速形成土洞。土洞上部土体在自重或外部荷载、振动作用下塌陷，从而形成岩溶塌陷。

施工处岩溶塌陷的产生使地下水水位发生波动，地下水压强发生波动且向未塌陷处传导，形成水击效应。在地下水水位的不断升降变化过程中，尤其是岩溶水水位或承压水水头低于孔隙水水位时，发生垂直渗流，先在砂层中发生潜蚀作用，形成漏斗状疏松体，进而因垂直渗流作用的加剧，局部水力坡度加大，砂层呈液化状态流入岩溶空洞，从而在砂层上部形成“空洞”，当“空洞”发展到一定阶段，在自重或外部荷载作用下，上部黏性土盖层崩落即产生地面塌陷。先发生的岩溶塌陷引起的水击作用于后发生的岩溶塌陷处，造成连锁反应，从而先后形成自南西向北东发展的一系列塌陷坑。

岩溶塌陷产生后，施工单位采取了注浆回填等措施。施工单位对两处桩基溶洞进行了注浆试验，经取芯检测发现注浆仅能对溶洞进行填充，由于砂层处于饱水状态，无法对基岩上覆细砂层进行固结，注浆达不到预期效果，砂层仍具有流动性，桩基施工时击穿岩溶顶板后，一旦遇到空隙，仍会导致桩孔内泥浆面迅速下降，孔壁失稳坍塌从而造成地面塌陷。因此，仅仅注浆处理无法确保桩基施工的顺利成孔，后续桩基存在极大的安全隐患。针对存在溶洞的桩基，技术人员对施工工艺进行了改进：有溶洞的桩基，下外护筒至溶洞顶板；高度小于 1.5m 的空溶洞、半填充溶洞，在击穿溶洞顶板后，抛填片石加黏土或袋装黏土，反复冲击固壁成孔；高度大于 1.5m 的溶洞，无论有无填充物，在击穿溶洞顶板后，下内护筒穿越溶洞，继续冲击成孔。

采用了改进后的内外钢护筒施工工艺，一方面，相比之前没有采用保护措施的常规施工工艺，在较大程度上降低了再次引发地面塌陷的可能性；另一方面，考虑到岩溶地层的复杂性，在施工过程中还有一些环节存在导致塌陷的因素。在外护筒下放结束后，上部砂土仍然有可能通过护筒底部的缝隙向下渗漏；击穿岩溶顶板时造成的震动可能导致砂土液化，加剧砂土向下渗漏；击穿岩溶顶板后，可能会使岩溶顶板缺口超过外护筒覆盖范围而造成砂土渗漏；内护筒下放时，冲锤冲击作用会引起水位的剧烈波动，可能诱发岩溶塌陷。因此施工单位在施工期间采用地下水自动监测进行岩溶塌陷预警预报，后续施工未产生岩溶塌陷。

第八章

岩溶塌陷风险性评价

第一节　基本概念与评价方法

一、基本概念

根据 Varmes 定义，风险是指一定区域在一定时间段内由于灾害发生可能导致的人员伤亡、财产损失以及对经济活动的干扰，可由式(8-1)表示。

$$R = f(H, V) \tag{8-1}$$

式中，R 为风险性；H 为危险性；V 为易损性；f 为危险性、易损性与风险的映射。

二、评价方法

(一)风险性评价方法

根据风险基本概念，结合区域灾害风险评价经验，采用定性方法进行岩溶塌陷风险性评价，评价结果可为区域土地利用规划和防灾减灾提供依据。表 8-1 是以人口伤亡或经济损失为对象的单项岩溶塌陷风险性评价等级矩阵。

表 8-2 为考虑人口伤亡和经济损失的岩溶塌陷综合风险性评价等级矩阵。

表 8-1　人口或经济单相岩溶塌陷风险评价等级矩阵

		岩溶塌陷危险性			
		极低	低	中	高
人口或经济易损性	极低	极低	极低	低	低
	低	极低	低	中	中
	中	低	中	中	高
	高	低	中	高	高

表 8-2　岩溶塌陷综合风险性评价等级矩阵

		经济风险性			
		极低	低	中	高
人口风险性	极低	极低	极低	低	低
	低	极低	低	中	中
	中	低	中	中	高
	高	低	中	高	高

(二)危险性评价方法

危险性评价一般采用层次分析法进行评价，其中危险性评价中还包括易发性评价，也是采用层次分析法进行评价。层次分析法是20世纪70年代发展起来的一种定性与定量相结合的决策分析方法。

层次分析法评价基本思路：根据工程问题的性质和要求达到的总目标，将问题分解成不同的分目标或子目标；按目标间的相互关联程度与隶属关系分组，形成多层次结构；通过两两比较的方式确定层次中诸目标的相对重要性，同时运用矩阵运算确定子目标对其上一层目标的相对重要性，最终确定子目标对总目标的重要性。

1. 系统梯阶层次结构模型的建立

根据问题初步分析，把复杂问题按特定的目标、准则和约束条件等分解成各个组成部分(因素)，将因素属性和不同分层排列。同一层次因素对下一层某些因素起支配作用，同时它又受上一层次因素的支配，形成一个自上而下的递阶层次。最简单的递阶层次结构模型可分为3层：最上层次一般只有一个因素，它是系统的目标，被称为目标层(A层)；中间层次排列衡量是否达到目标的各项准则，被称为准则层(B层)；最底层表示所选取的解决问题的各项指标等，被称为指标层(C层)(图8-1)。

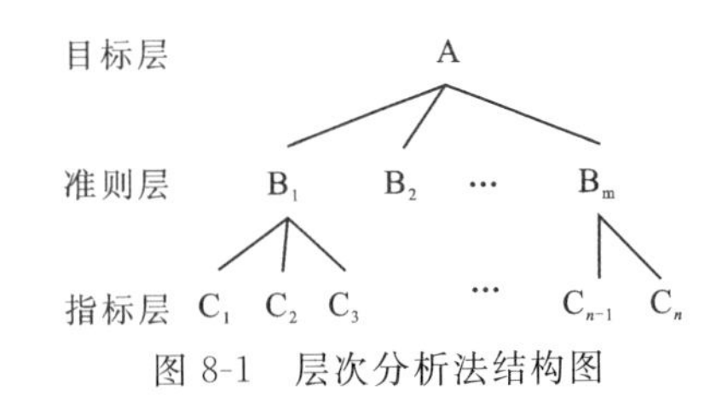

图8-1　层次分析法结构图

2. 指标权重确定

1)判断矩阵

运用Satty 1～9标度(表8-3)两两比较得到判断矩阵T。

表8-3　层次分析法的判断矩阵标志及其含义

标度	含义
1	表示两个因素相比，具有同等重要性
3	表示两个因素相比，一个因素比另一个因素稍微重要
5	表示两个因素相比，一个因素比另一个因素明显重要
7	表示两个因素相比，一个因素比另一个因素更为重要
9	表示两个因素相比，一个因素比另一个因素极端重要
2,4,6,8	上述两相邻判断之中值，表示重要性判断之间的过渡性
倒数	因素x_i与x_j比较得到判断u_{ij}，则因素j与i比较的判断$u_{ji}=1/u_{ij}$

据此得到判断矩阵$\boldsymbol{T}$，式(8-2)：

$$\boldsymbol{T}=\begin{bmatrix} u_{11} & u_{12} & \cdots & u_{1m} \\ u_{21} & u_{22} & \cdots & u_{2m} \\ \vdots & \vdots & \vdots & \vdots \\ u_{m1} & u_{m2} & \cdots & u_{mm} \end{bmatrix} \tag{8-2}$$

式中，$U=\{u_1,u_2,\cdots,u_m\}$为评价因素向量，u_{ij}为u_i对u_j的相对重要性数值。

2)重要性排序

根据判断矩阵,得到 $\boldsymbol{T}$ 的最大特征值及所对应的特征向量,所求特征向量即为各评价因素的重要性排序。

假设有一同阶正则向量 $\boldsymbol{A}$,使得存在 $\boldsymbol{XA} = \lambda_{max}$ 。求解特征方程后,得到的 $\boldsymbol{A}$ 经归一化后,即 $x_1, x_2, \cdots, x_m$ 的权值。计算过程如下:

第一步,计算矩阵各行元素乘积:

$$M_i = \prod_{j=1}^{n} u_{ij} \ (i,j = 1,2,\cdots,n) \tag{8-3}$$

第二步,计算 n 次方根:

$$X_i = \sqrt[n]{M_i} \tag{8-4}$$

第三步,对向量进行规范量化,即将上述 n 次方根所得的 n 个向量组成矩阵,并对向量进行归一化处理:

$$W_i = \frac{X_i}{\sum_{i=1}^{n} X_i} \tag{8-5}$$

得到: $\vec{w} = (W_1, W_2, \cdots, W_n)$,为所求得的特征向量的近似值,即为各指标的权重。

第四步,计算矩阵的最大特征值 λ_{max} ,式(8-6):

$$\lambda_{max} = \frac{1}{n}\sum_{i=1}^{n}\frac{[\boldsymbol{A}\vec{w}^T]_i}{\vec{w}_i} \tag{8-6}$$

式中, $[A\vec{w}^T]_i$ 为向量 $\boldsymbol{A}\vec{w}^T$ 的第 i 个元素。

3)层次单排序及其一致性检验

由于客观事物的复杂及对事物认识的片面性,构建的判断矩阵不一定是一致性矩阵(也不强求是一致性矩阵),但当偏离一致性过大时,会导致一些问题的产生。因此,得到 λ_{max} 后,需进行一致性和随机一致性检验。

一致性指标 $C.I$ 定义为:

$$C.I = \frac{\lambda_{max} - n}{n - 1} \tag{8-7}$$

式中, λ_{max} 为最大特征值; n 为矩阵阶数。

当 $C.I < 0$ 时,判断矩阵错误,应作调整;当 $C.I = 0$ 时,判断矩阵完全一致;当 $C.I > 0$ 时,越大,判断矩阵不一致性程度越大。

平均随机一致性指标 $R.I$ 可以衡量不同阶判断矩阵是否具有满意一致性(表 8-4)。

表 8-4 1~14 阶判断矩阵值 $R.I$ 值

阶数 n	1	2	3	4	5	6	7
$R.I$	0	0	0.52	0.89	1.12	1.26	1.36
阶数 n	8	9	10	11	12	13	14
$R.I$	1.41	1.46	1.49	1.52	1.54	1.56	1.58

4)层次总排序及其一致性检验

层次总排序为计算同一层次所有元素相对最高层元素重要性的排序权值，从最高层次到最低层次逐层进行的。当阶数大于2时，$C.I$与$R.I$之比$C.R=C.I/R.I$称为层次总排序随机一致性比率。一般地，只有当$C.R<0.10$时，判断矩阵才具有满意的一致性，才认为评价的结果是协调一致的，所获取值才是合理的。在此情况下，求出相应于λ_{max}的特征向量，将其归一化即为权数分配；否则，就需要重新做出判断矩阵。

3. 评价模型的建立

确定指标权重后，采用加权平均综合指数模型开展岩溶塌陷危险性评价。加权平均法是将各个单因子先按分级标准判断为四级并将其从高危险到无危险依次评分为3,2,1,0作为单因子得分值。将单因子得分值代入加权平均公式计算综合指数，最后按综合指数确定单元等级。其权值W_i的引入可以反映出不同要素对岩溶塌陷的不同影响程度。计算公式如下：

$$PI=\sum_{i=1}^{n}W_iP_i \tag{8-8}$$

式中，PI为加权平均综合指数；W_i为权重值；P_i为各单因子得分值。

(三)易损性评价方法

易损性评价主要依据各评价指标的重要性，人为赋予对应的权重值，采用加权平均综合指数法计算，根据计算结果进行易损性分区。

第二节　岩溶塌陷危险性评价

岩溶塌陷危险性评价主要考虑岩溶塌陷发生的内在地质因素和外在诱发因素。内在地质因素主要基于对岩溶塌陷发生的形成条件(如岩溶发育程度、土层结构及厚度、水文地质条件等)的综合分析，评价岩溶塌陷灾害发生可能性大小，也即岩溶塌陷易发性评价；外在诱发因素主要为外力作用，如人类工程活动等。

一、岩溶塌陷易发性评价

岩溶塌陷易发性评价的主要目的是划分武汉市内岩溶塌陷发生时空强度的可能性。层次分析法的主要步骤包括梯阶层次结构模型建立、权重确定、综合评价等。

(一)梯阶层次结构模型

1. 指标体系

根据武汉市1∶5万岩溶塌陷调查和以往岩溶塌陷事件调查成果资料综合分析，影响岩溶塌陷易发性的因素主要包括岩溶地质条件、土层覆盖层条件、水文地质条件、已有岩溶塌陷点、地质构造条件等，根据各因素确定具体决定性影响因子如表8-5所示。

2. 梯阶层次结构模型构建

根据确定的指标体系，构建岩溶塌陷易发性评价梯阶层次结构模型(图8-2)。目标层(A)为岩溶塌陷的易发性评价。准则层(B)为易发性影响因素包括岩溶地质条件(B_1)、土层覆盖层条件(B_2)、水文地质条件(B_3)、地质构造条件(B_4)以及已有岩溶塌陷点条件(B_5)。指标层

(C)为各准则层的决定性影响因子。

表 8-5　岩溶塌陷易发性评价决定性影响因子分级表

条件层	因子层
岩溶地质条件	岩溶发育程度
土层覆盖层条件	岩溶覆盖类型
	土层厚度/m
	土层结构
水文地质条件	孔隙水富水性
地质构造条件	隐伏构造
已有岩溶塌陷点	塌陷坑密度/(个·km^{-2})

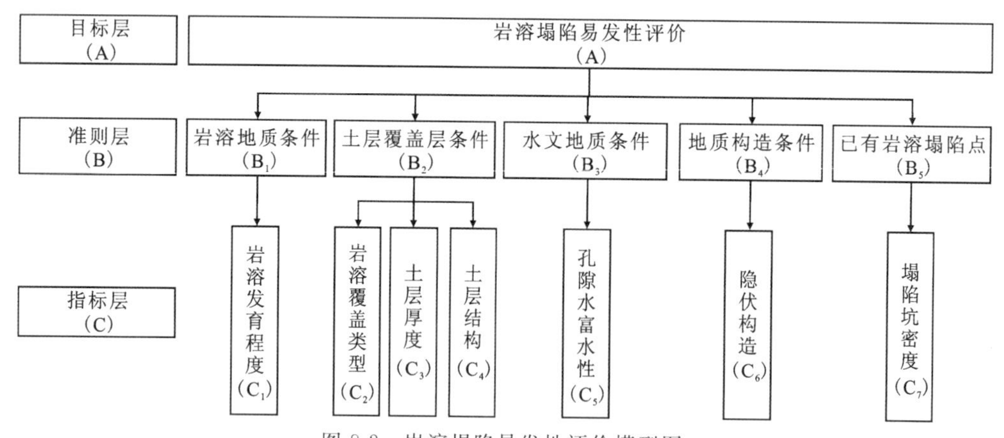

图 8-2　岩溶塌陷易发性评价模型图

(二)确定权重

根据岩溶塌陷影响因素分析,分别列出准则层和指标层判断矩阵(表 8-6、表 8-7)。

表 8-6　准则层(B)权重矩阵

	岩溶地质	土层覆盖层	水文地质	地质构造	已有岩溶塌陷点
岩溶地质	1	0.5	3	2	1
土层覆盖层	2	1	5	5	1
水文地质	0.333	0.2	1	2	0.5
地质构造	0.5	0.2	0.5	0.333	1
已有岩溶塌陷点	1	1	2	1	3
权重	0.211	0.368	0.102	0.076	0.243
$C.R=0.034<0.1$ 满足一致性检验					
$\lambda_{max}=5.153$					

表 8-7　指标层(C)权重矩阵

	岩溶覆盖类型	土层厚度/m	土层结构
岩溶覆盖类型	1	0.5	0.5
土层厚度/m	2	1	2
土层结构	2	0.5	1
权重	0.198	0.490	0.312
$C.R=0.046<0.1$ 满足一致性检验			
$\lambda_{max}=3.054$			

准则层指标权重与指标层指标权重相乘，得到各评价因子的计算总权重值(表 8-8)。

表 8-8　评价指标权重矩阵

单因子	岩溶发育程度	岩溶覆盖类型	土层厚度/m	土层结构	第四系孔隙水富水性	塌陷坑(土洞)密度/(个·km^{-2})	隐伏构造
权重	0.211	0.073	0.180	0.115	0.102	0.243	0.076

(三)综合评价

1. 评价指标赋值

在利用加权平均综合指数模型开展岩溶塌陷危险性评价前，需要给各单项评价因子赋值。

1)岩溶发育程度

按照武汉市岩溶发育程度分区图(图 3-5)，将岩溶发育程度评价指标分为强、中、弱，并分别赋值(表 8-9)。

表 8-9　岩溶发育程度分区评价准则

岩溶发育程度	强发育	中等发育	弱发育
级别	强	中	弱
赋值	3	2	1

2)岩溶覆盖类型

根据岩溶埋藏类型与岩溶塌陷相互关系，将岩溶覆盖类型评价指标划分为强、中、弱，并分别赋值(表 8-10)。

表 8-10　岩溶覆盖类型分区评价准则

岩溶覆盖类型	覆盖型	埋藏型	裸露型
级别	强	中	弱
赋值	3	2	1

3)土层厚度和土层结构

(1)土层厚度。武汉市第四系土层普遍厚度为10～50m,局部厚度达80m以上,最小厚度小于5m。汉江、长江沿岸等河流冲积平原区,土层厚度一般为30～50m,汉阳区建港、武昌区白沙洲至烽火村一带土层厚度可达60～70m。岗地、剥蚀残丘区土层厚度普遍为10～20m,仅武钢集团、东湖渔光村等局部地段厚度可达30m。根据武汉市岩溶塌陷与土层厚度关系分析,将土层厚度分为小于或等于15m、15～30m、大于30m 3类(图8-3)。

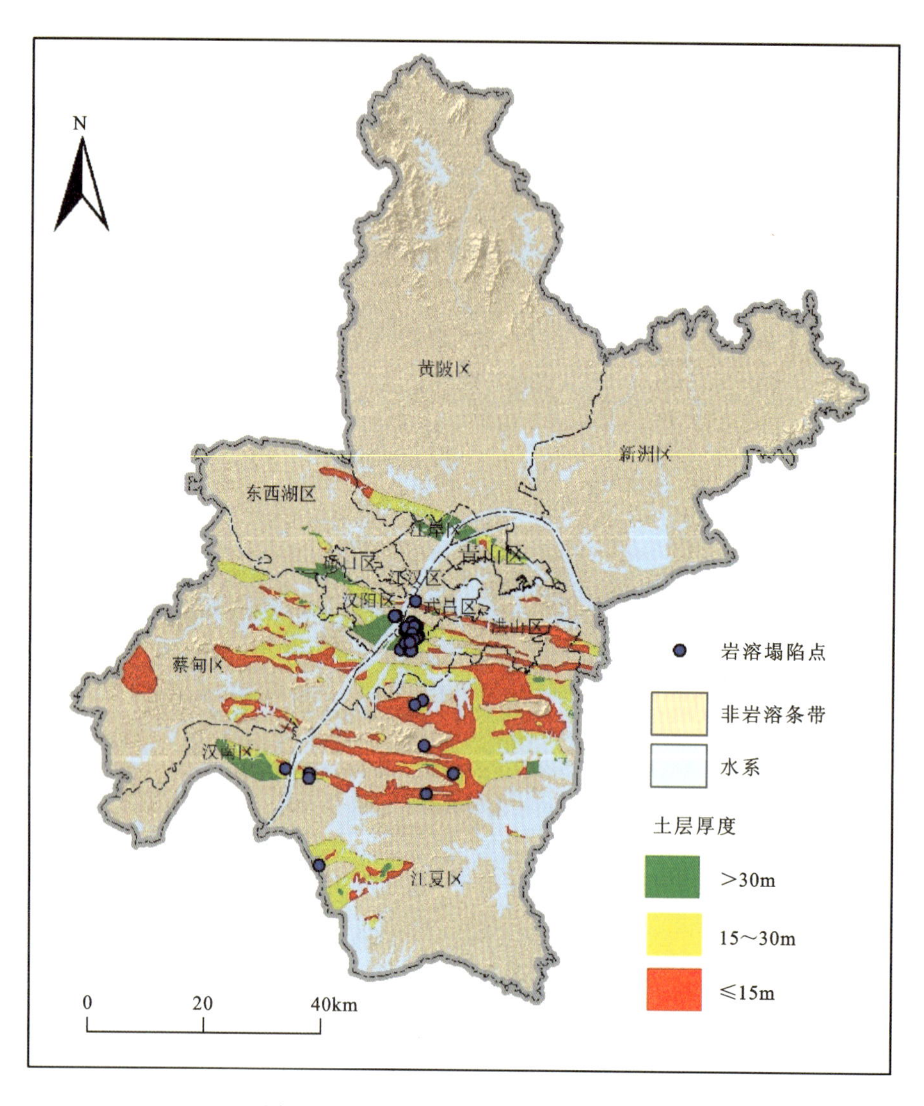

图8-3　武汉市岩溶区土层厚度分区图

(2)土层结构。土层结构及其特征与岩溶塌陷发育密切相关。根据垂向上土层类型的变化,土层结构可分为单层结构、双层结构和多层结构3种类型。

单层结构是指土层由一种类型土组成的土层结构,主要以较单一黏性土层为主,一般为粉质黏土、黏土,局部夹有淤泥质黏土,底部无砂层,相对隔水,主要分布于岗状平原区,厚度变化较大,一般在10～30m之间,汉阳区、东西湖区局部最厚可达60～70m(图8-4)。

双层结构是指上、下两层并由不同类型土组成的土层结构,主要为“上黏下砂”双层结构,

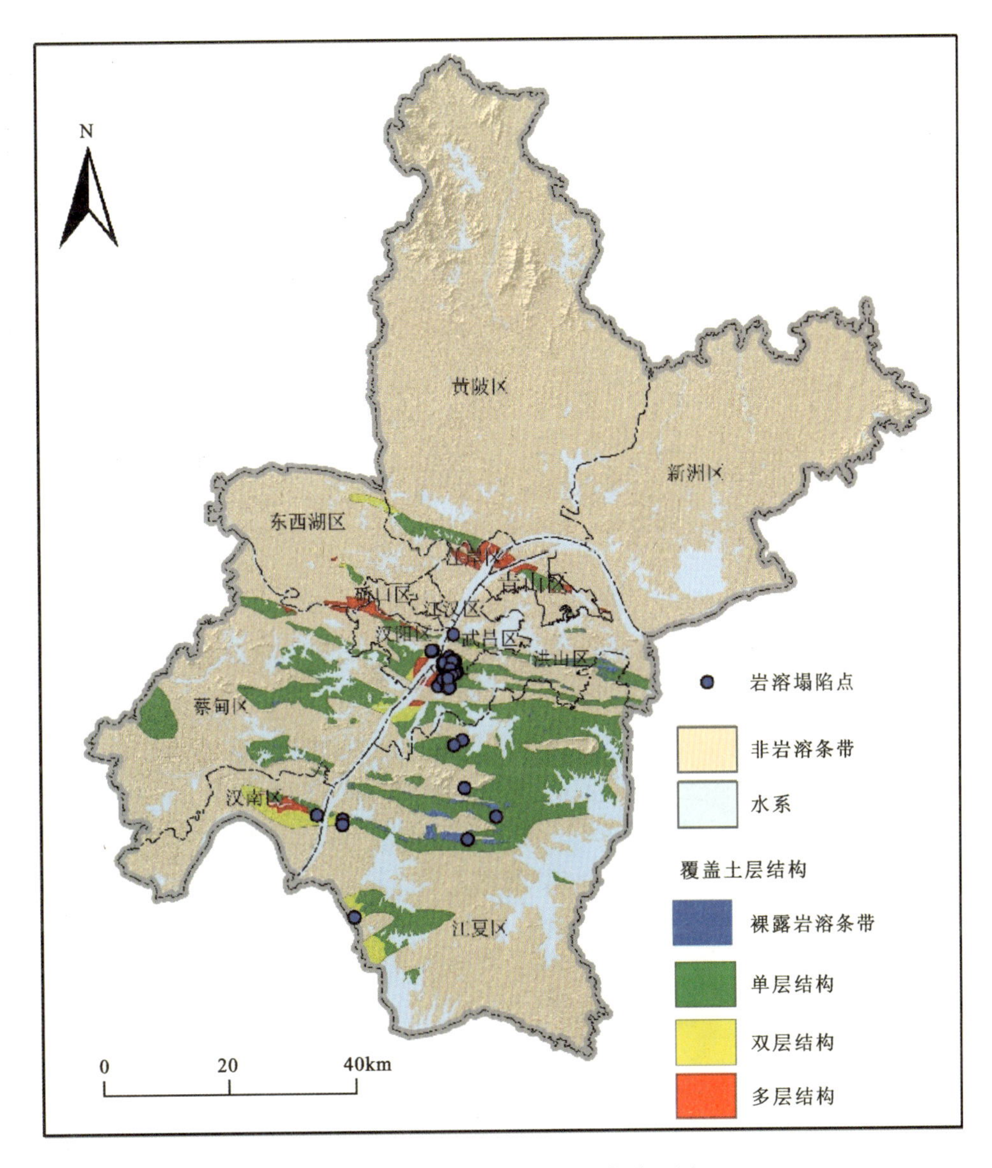

图 8-4 武汉市岩溶区土层结构分区图

上部为黏性土层，岩性主要为粉质黏土、黏土，局部夹淤泥质粉质黏土，厚度变化较大，一般5～22m；下部为砂性土层，岩性主要为粉砂、细砂和砾砂，厚度1～21m，砾砂层层位不稳定，呈间断分布，层厚在1.4～9m之间。主要分布于武昌区水务局至汉阳区建港、白沙洲大桥至军山大桥一带的长江沿岸及东西湖区叶家湾至彭家湾一带，土层厚度一般为10～50m之间，局部可达70m。局部地区（如烽火村）顶部存在"天窗"，即为单层砂土，上部无黏性土相隔（图8-5）。

多层结构是指3层以上不同类型土组成的土层结构，主要以"黏性土—砂土—碎石土或黏性土"三层结构和"黏性土、砂土、碎石土互层的多次沉积回旋"多层结构为主（图8-6）。厚度一般在15～55m之间，局部可达80m，临江地段局部可达100m以上，主要分布于长江、汉江沿岸。

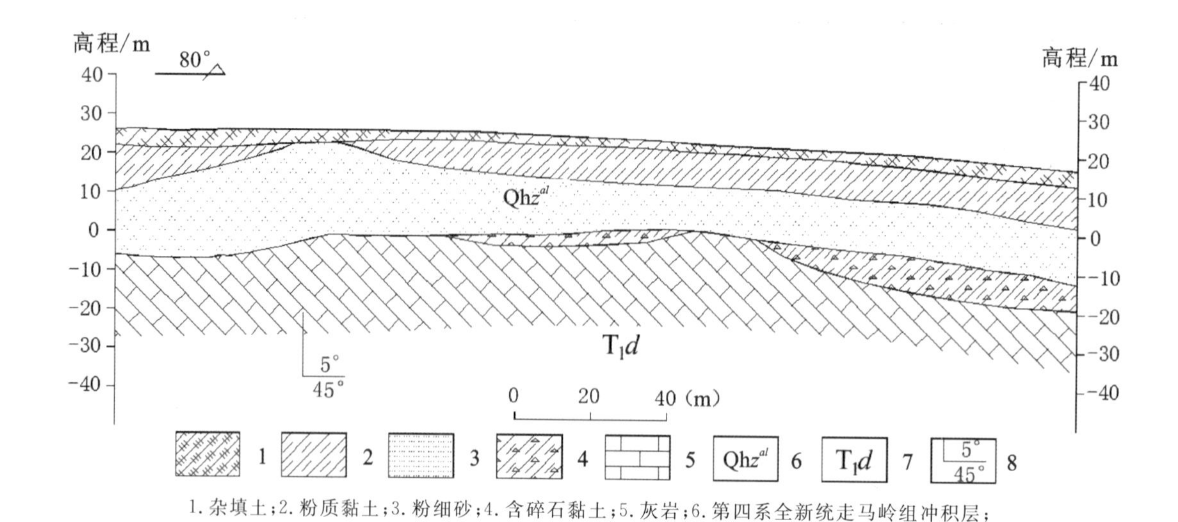

1. 杂填土;2. 粉质黏土;3. 粉细砂;4. 含碎石黏土;5. 灰岩;6. 第四系全新统走马岭组冲积层;7. 下三叠统大冶组;8. 岩层产状

图 8-5　双层—三层土层结构(天窗)示意图

根据多层结构土层中的砂性土和碎石土层数又可细分为如下两类。

"黏性土—砂土—碎石土或黏性土"三层结构。土层厚度一般为 15～45m,局部地区可达 60～70m。上部为黏性土层,岩性主要为粉质黏土、黏土,局部夹淤泥质粉质黏土,厚度变化较大,一般为 5～25m;中部为砂性土层,岩性主要为粉砂、细砂和砾砂,厚度 1～30m;下部为碎石土或红黏土,厚度 0.5～10m,局部达 30m。局部地区存在上部或下部的"天窗",即上部黏土或下部碎石土/黏土缺失,无相对隔水层,形成"上砂下黏""上黏下砂"的结构土层(如陆家街)。

"多层砂土或碎石土旋回沉积"多层结构。主要是自下而上颗粒由粗到细的正旋回,表现为河流动荡环境—湖泊静水深水环境—河湖及浅湖静水环境之间的转变,主要分布于东西湖区中沟、汉江临江地段三官村—琴断口—韩家墩一带、长江江心滩及漫滩、长江弯道凹岸叶家洲—沐鹅洲—龙王咀农场等地,分布不连续,厚度变化大,在 40～120m 之间。

武汉市岩溶区多为单层结构及多层结构,少量分布双层结构(图 8-4)。

根据土层厚度及结构特征与岩溶塌陷的关系,将土层厚度和土层结构评价指标划分为强、中、弱,并分别赋值(表 8-11)。

表 8-11　土层厚度和土层结构分区评价准则

土层厚度/m	≤15	15～30	>30
土层结构	多层结构	双层结构	单层结构
级别	强	中	弱
赋值	3	2	1

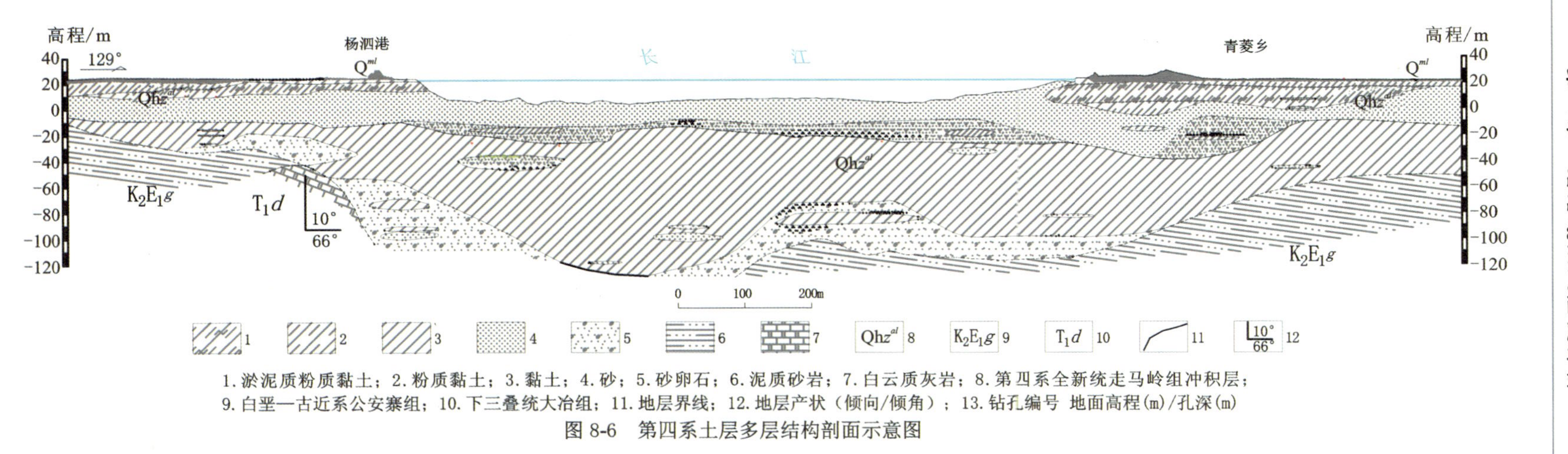

图 8-6　第四系土层多层结构剖面示意图

4)孔隙水富水性

根据武汉市岩溶区第四系松散岩类孔隙水富水性，将富水性评价指标划分为强、中、弱，并分别赋值(表8-12,图8-7)。

表8-12　第四系松散岩类孔隙水富水性分区评价准则

第四系孔隙水富水性	丰富	中等	贫乏
级别	强	中	弱
赋值	3	2	1

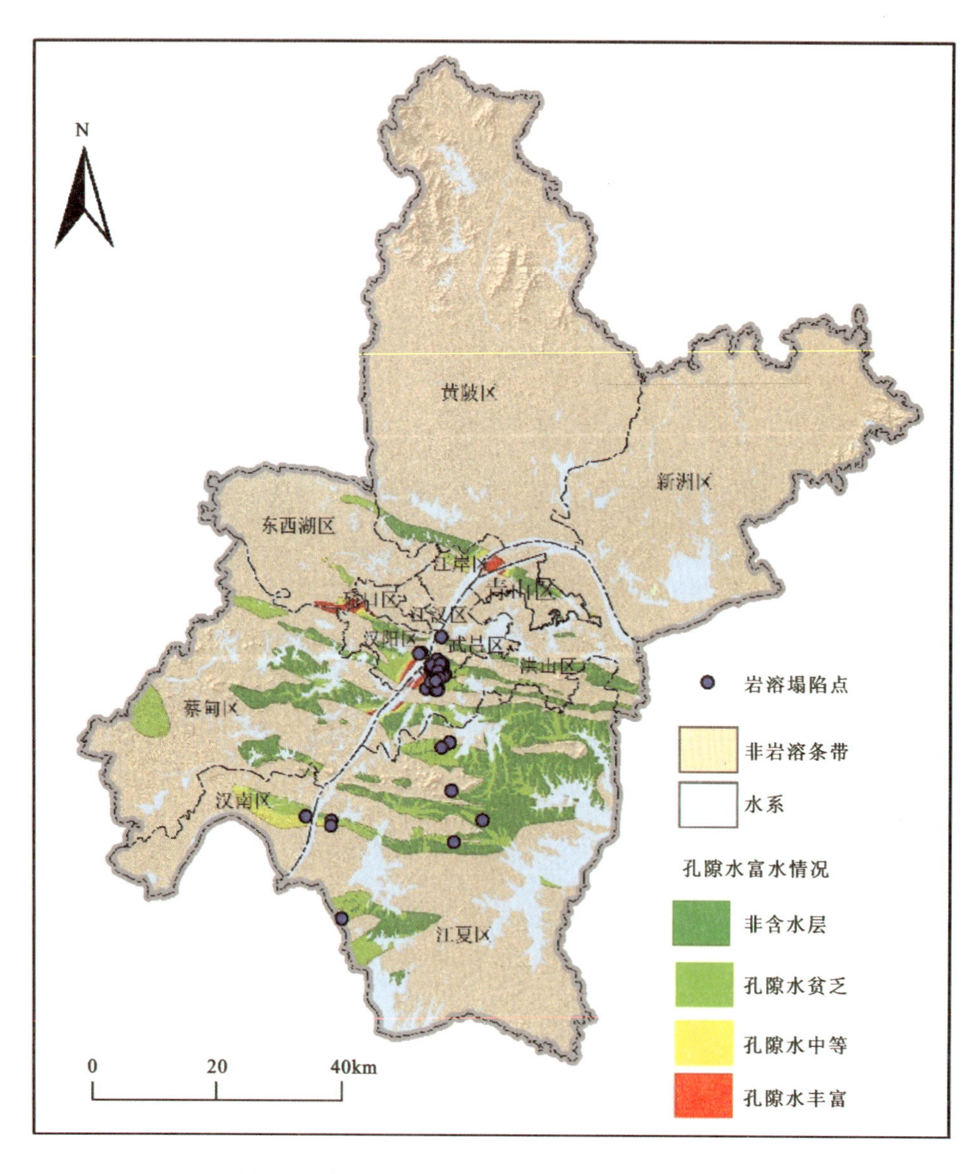

图8-7　武汉市岩溶区第四系孔隙水富水性分区图

5)地质构造

根据岩溶区隐伏构造缓冲距离与岩溶塌陷的关系,将地质构造评价指标划分为强、中、弱,并分别赋值(表 8-13,图 8-8)。

表 8-13 地质构造分区评价准则

断层两侧距离/m	＜1000	1000～2000	＞2000
级别	强	中	弱
赋值	3	2	1

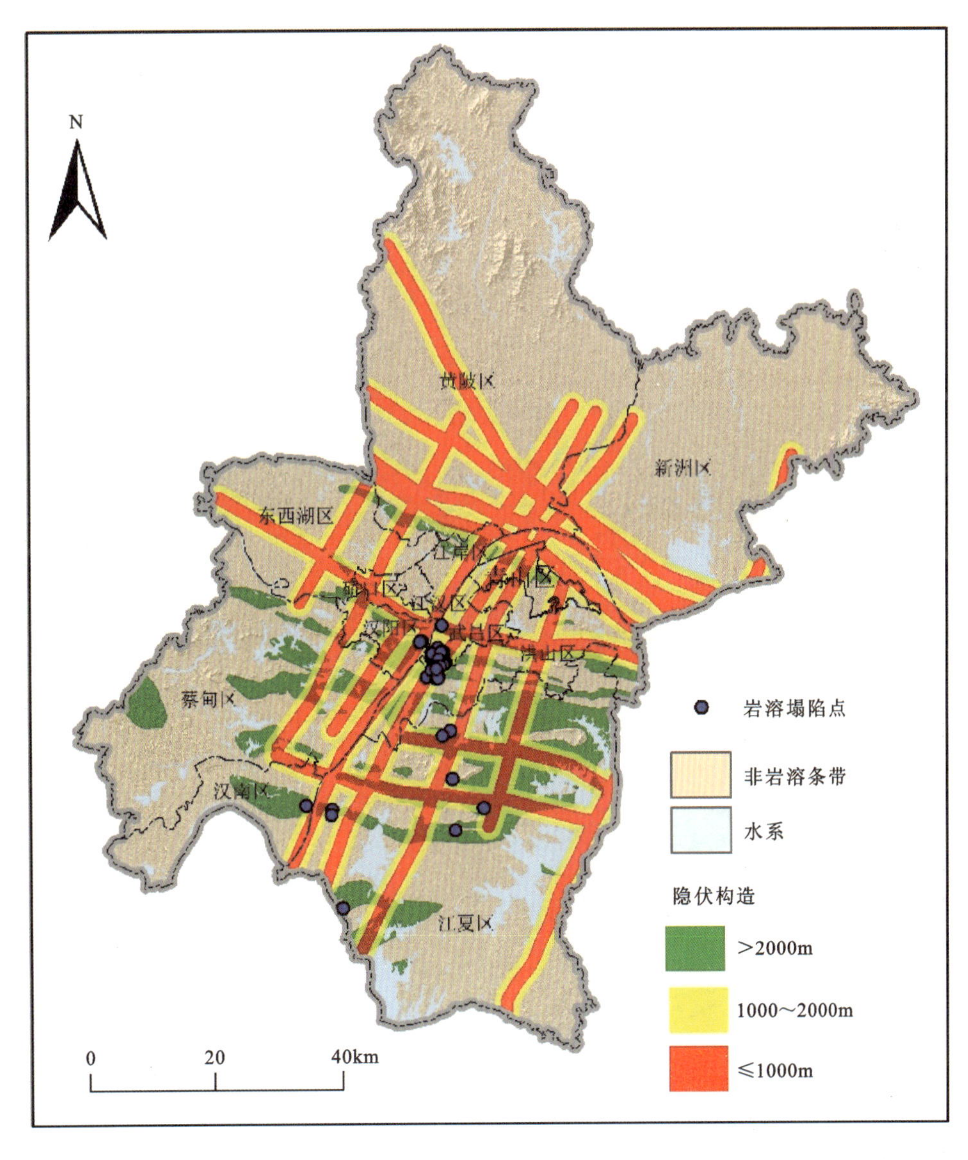

图 8-8 地质构造缓冲分区图

6)已有岩溶塌陷

考虑在已发生岩溶塌陷点的灾害复发性,将已有塌陷点评价指标按照岩溶塌陷密度进行赋值(表 8-14,图 8-9)。

表 8-14　岩溶塌陷密度分区评价准则

岩溶塌陷密度/(个·km^{-2})	>0.15	0~0.15	0
级别	强	中	弱
赋值	3	2	1

利用 GIS 软件核密度分析功能计算塌陷点的聚集情况,重分类后得到评价图(图 8-9)。

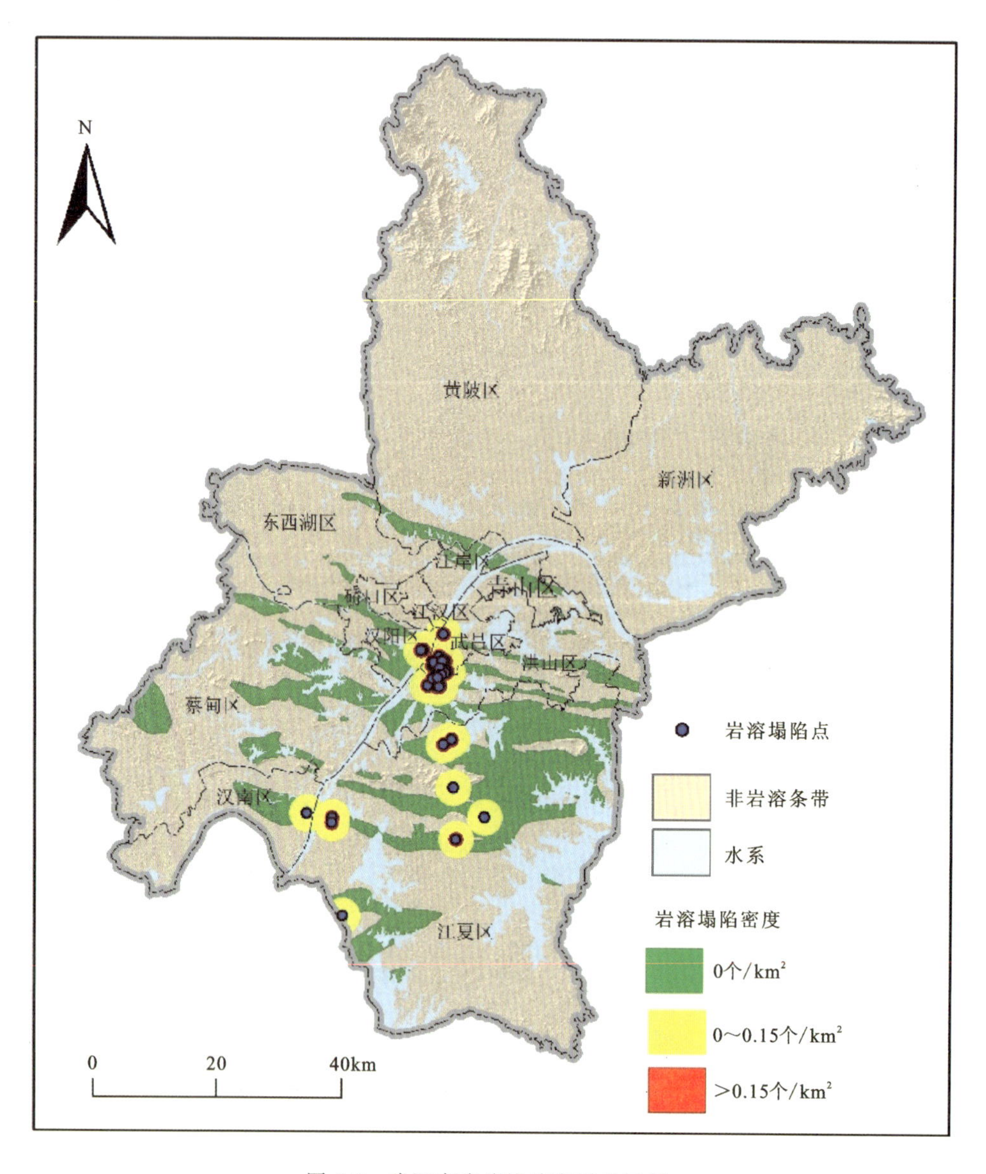

图 8-9　武汉市岩溶塌陷密度分区图

2. 综合评价模型

根据确定的权重值，采用加权平均综合指数模型[式(8-8)]，建立武汉市岩溶塌陷易发性评价模型[式(8-9)]。

$$\text{岩溶塌陷易发性}=0.211\times\text{岩溶发育程度}+0.073\times\text{岩溶覆盖类型}+0.18\times\text{土层厚度}+0.115\times\text{土层结构}+0.102\times\text{第四系孔隙水富水性}+0.076\times\text{隐伏构造}+0.243\times\text{塌陷坑(土洞)密度} \tag{8-9}$$

将单因子赋值值代入加权平均公式计算可得综合指数。

3. 岩溶塌陷易发性分区

根据综合评价模型计算结果，结合武汉市岩溶塌陷发生的时空特征等，按表 8-15 划分岩溶塌陷易发性等级。

表 8-15 加权平均模型易发性等级分级表

等级	低易发区	中等易发区	高易发区
综合指数	<1.5	1.5～1.8	>1.8

武汉市岩溶塌陷易发性分区依次分为高易发区、中易发区、低易发区，具体的空间分布及分区面积统计见图 8-10 和表 8-16。

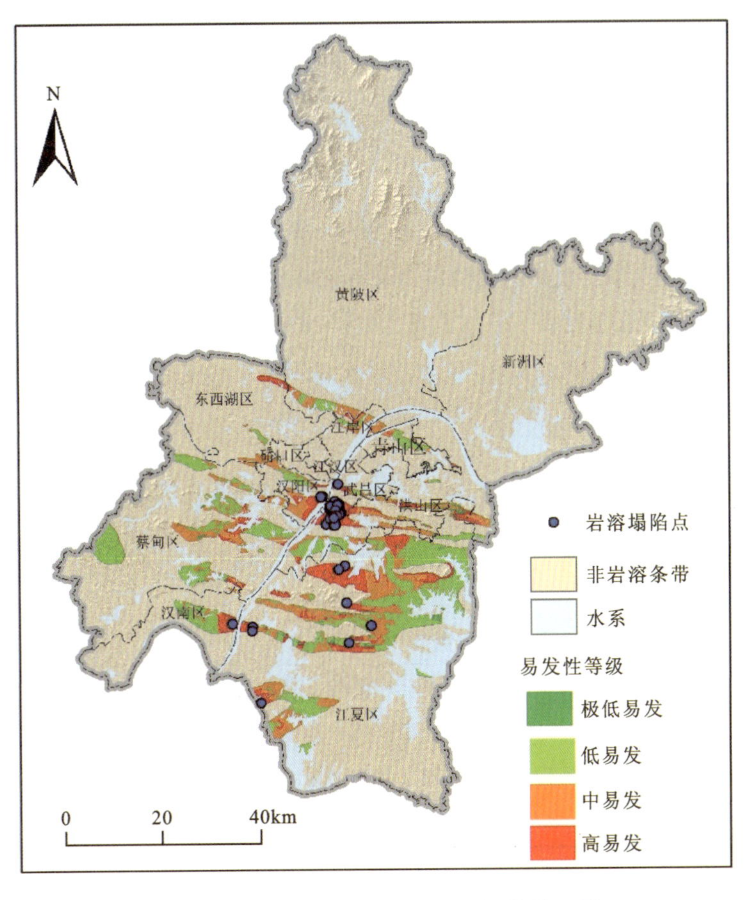

图 8-10 武汉市岩溶塌陷易发性评价分区图

表 8-16　武汉市岩溶塌陷易发性分区面积统计表

易发性分区	面积/km²	分布范围	占岩溶面积百分比/%	塌陷数量/处
高易发区	243.84	第一条带西部茅庙—黄花涝、盘龙湖至近长江谌家矶街西侧一带	20.40	32
		第二条带长江大桥汉阳桥头—武昌蛇山一带、华中科技大学一带，严东湖南侧金鸡山周边区域		
		第三条带汉阳区江堤街—洪山区狮子山街—南湖西一带		
		第四条带江夏区何家湖—五里界镇西部一带，凤凰山南侧部分区域		
		第五条带大军山西侧、神山湖南侧区域一带		
		第六条带汉南区陡埠头—纱帽街—江夏区金水一村一带		
		第七条带江夏区法泗街长虹村一带		
中易发区	373.00	第一条带黄陂区与东西湖区交界处丰荷山—夏新集以南一带	31.21	1
		第二条带慈惠街道—市财政学校、大熊村—方家村—许店村等地		
		第三条带后官湖北部区域，墨水湖西南侧部分区域、南湖东—田张村		
		第四条带檀树坳—枫树湾—珠山湖、汤逊湖周边区域、金口街—五里界南侧、五里界东侧		
		第五条带小爹湖南侧姚家咀、万湾一带		
		第六条带江夏区三门湖东侧部分区域		
		第七条带法泗街老桂子山及其周边区域，团墩湖西侧部分区域		
低易发区	578.46	第一条带西段黄陂区夏新集西侧、第一条带东段营盘山—武钢炼铁厂—红胜村等地	48.39	0
		第二条带西段市财政学校—琴断口		
		第三条带西段蔡甸区齐联村—毛家咀—易家岭村		
		第四条带长江沿岸后官湖东—青菱湖—黄家湖—汤逊湖西、流芳街—梁子湖—牛山湖一带		
		第五条带西侧桐湖、官莲湖一带		
		第六条带汉南区邓南镇东北—陡埠头西侧部分区域		
		第七条带东北侧马家湾—架桥周—陶家湾		
		第八条带潭家湾—斧头湖—高家一带		
合计	1 195.30	—	100.00	33

二、岩溶塌陷危险性评价

岩溶塌陷危险性评价是在岩溶塌陷易发性评价的基础上，充分考虑岩溶塌陷外在诱发因素的影响，综合评价岩溶塌陷发生的可能性。

（一）阶梯层次结构模型

1. 指标体系

根据岩溶塌陷特征分析，武汉市近年来的岩溶塌陷主要为人类工程活动诱发。不同的人类工程活动对岩溶塌陷的影响程度是有区别的，结合武汉市人类工程活动的特征，主要考虑从工地、建筑用地、道路等方面，综合评价岩溶塌陷危险性。表8-17为人类工程活动指标评价体系。

表8-17　人类工程活动指标评价体系分级表

人类工程活动评估指标（B_2）			
准则层	代号	指标层	代号
工地	C_1	工地缓冲	D_1
建筑用地	C_2	建筑用地缓冲	D_2
道路	C_3	主要道路缓冲/m	D_3
		一般道路缓冲/m	D_4

2. 梯阶层次结构模型构建

根据岩溶塌陷易发性评价结果和确定的危险性评价诱发因指标，建立岩溶塌陷危险性评价梯阶层次结构模型（图8-11）。目标层（A）为岩溶塌陷危险性评价；准则层（B）为危险性影响因素包括易发性评价（B_1）和人类工程活动（B_2）。指标层（C）为人类工程活动影响因素评价指标。

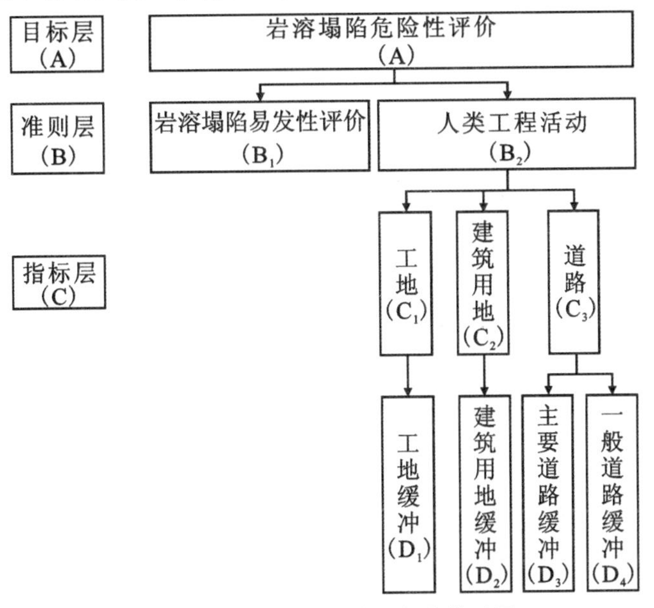

图8-11　岩溶塌陷危险性评价模型图

（二）确定权重

根据武汉市岩溶塌陷诱发因素分析，分别列出准则层和子准则层的判断矩阵（表 8-18～表 8-20）。

表 8-18　准则层（B）权重矩阵

B 层权重矩阵	人类工程活动	易发性
人类工程活动	1	0.5
易发性	2	1
权重	0.333	0.667
$C.R=0<0.1$ 满足一致性检验		
$\lambda_{max}=2$		

表 8-19　指标层（C）权重矩阵

C 层权重矩阵	工地	房屋	道路
工地	1	1	2
房屋	1	1	1
道路	0.5	1	1
权重	0.411	0.328	0.261
$C.R=0.046<0.1$ 满足一致性检验			
$\lambda_{max}=3.054$			

表 8-20　次指标层（D）权重矩阵

D 层权重矩阵	主要道路	一般道路
主要道路	1	3
一般道路	0.333	1
权重	0.75	0.25
$C.R=0<0.1$ 满足一致性检验		
$\lambda_{max}=2$		

上述判断矩阵中,同一层次相应因素对上一层次某元素相对重要性的排序权重,其值均小于0.1,满足一致性检验。C层指标权重与D层指标权重相乘,可得到人类工程活动各因子的计算权重值见表8-21。

表8-21　人类工程活动评价指标权重矩阵

B层	人类工程活动			
C层	工地	建筑用地	道路	
C层权重	0.411	0.328	0.261	
D层	工地缓冲	建筑用地缓冲	主要道路	一般道路
D层权重	1.000	1.000	0.75	0.25
B层单因子权重	0.411	0.328	0.196	0.065

A层至D层指标权重相乘,可得到危险性评价各因子的计算权重值见表8-22。

表8-22　岩溶塌陷危险性评价指标权重矩阵

A层	岩溶塌陷危险性				
B层	易发性评价	人类工程活动			
B层权重	0.667	0.333			
C层		工地	建筑用地	道路	
C层权重		0.411	0.328	0.261	
D层		工地缓冲	建筑用地缓冲	主要道路	一般道路
D层权重		1.000	1.000	0.75	0.25
A层单因子权重	0.667	0.137	0.109	0.065	0.022

(三)综合评价

1. 评价指标赋值

1)工地

通过遥感影像解译结果,目视判读识别武汉市工地现状。将工地缓冲距离分为3个等级,划分工地缓冲距离分区(图8-12),工地缓冲距离对危险性评价取值见表8-23。

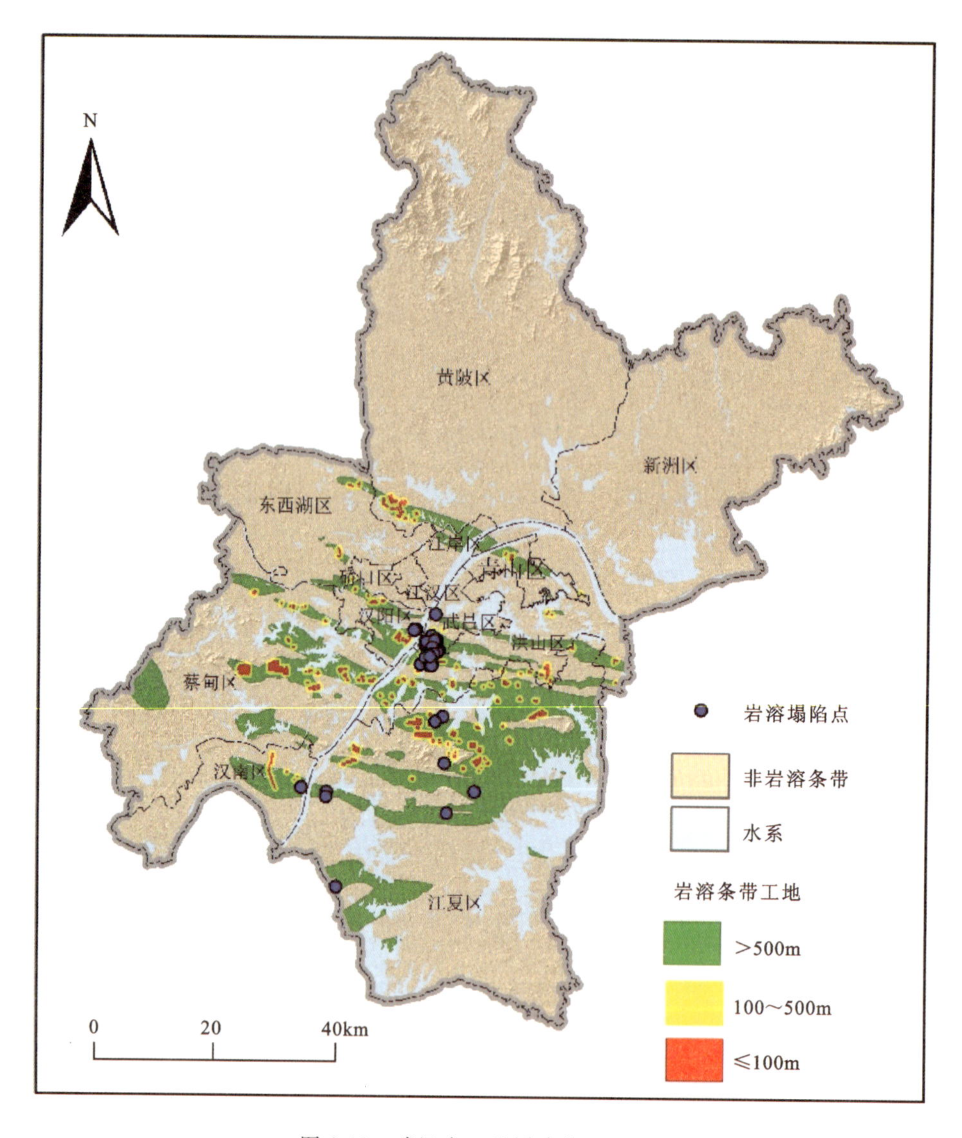

图 8-12　武汉市工地缓冲分区图图

表 8-23　工地缓冲评价准则

级别	强	中	弱
赋值	3	2	1
工地缓冲/m	＜100	100～500	＞500

2)建筑用地

根据武汉市土地利用现状图，提取城市建筑用地、农村建筑用地和非建筑用地。将建筑用地缓冲分为 3 个等级，划分建筑用地缓冲分区(图 8-13)，建筑用地缓冲对危险性评价取值见表 8-24。

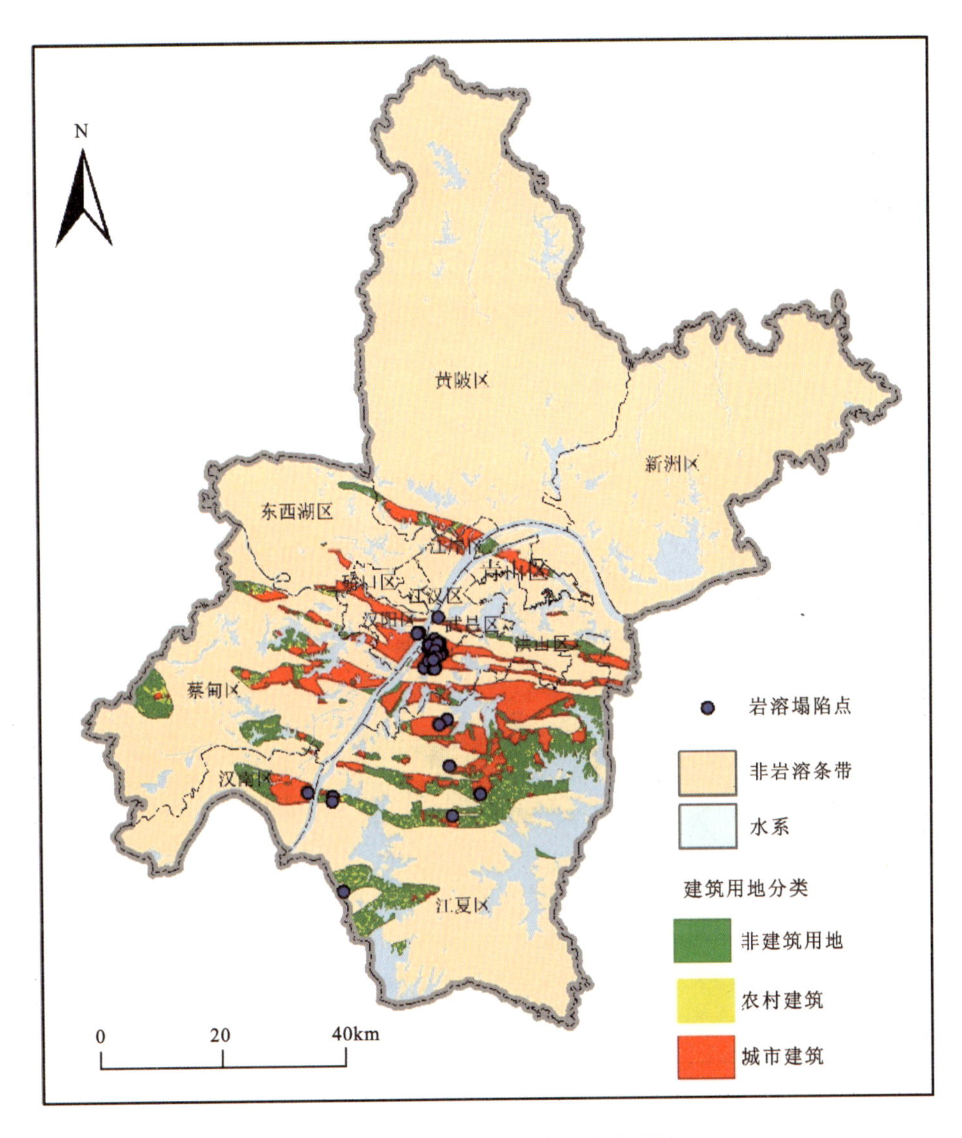

图 8-13 武汉市建筑用地缓冲分区图

表 8-24 建筑用地缓冲评价准则

级别	强	中	弱
赋值	3	2	1
建筑用地	城市房屋及缓冲 100m	农村房屋及 50m 内	非建筑用地

3)道路

武汉市道路分为主要公路和一般公路。将道路缓冲分为 3 个等级,划分主要公路和一般公路缓冲分区(图 8-14 和图 8-15),主要公路和一般公路对危险性评价取值见表 8-25。

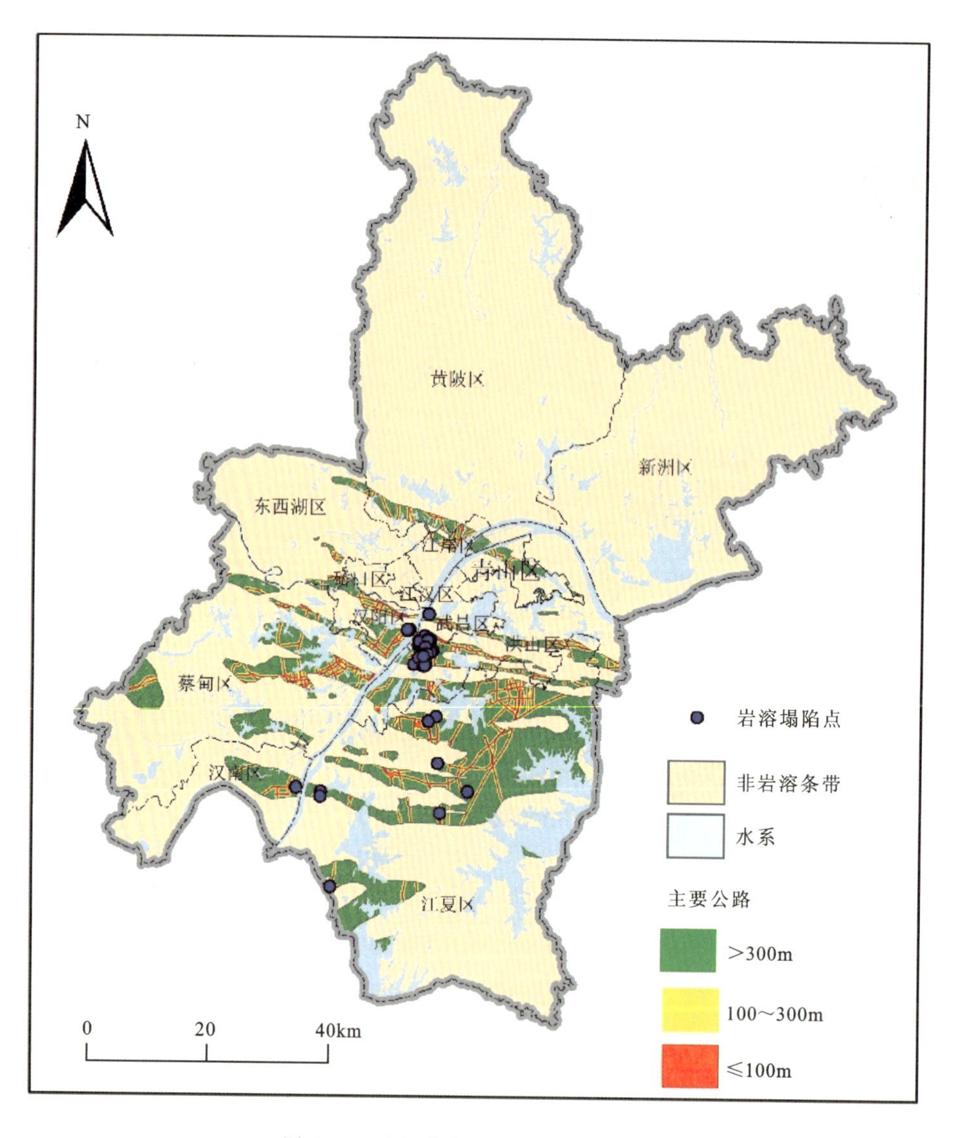

图 8-14 武汉市主要公路缓冲分区图

2. 人类工程活动赋值

根据表 8-22 确定的权重值，采用加权综合指数法计算人类工程活动赋值：

$$人类工程活动赋值=0.411\times工地缓冲+0.328\times建筑用地缓冲+0.26\times(0.75\times主要道路缓冲+0.25\times一般道路缓冲) \quad (8\text{-}10)$$

根据人类工程活动赋值计算结果，将人类工程活动划分为高强度、中强度和低强度 3 种，分级标准见表 8-26，分区结果见图 8-16。

3. 综合评价模型

根据表 8-22 确定的权重值，采用加权平均综合指数模型[式(8-8)]，建立武汉市岩溶塌陷危险性价模型：

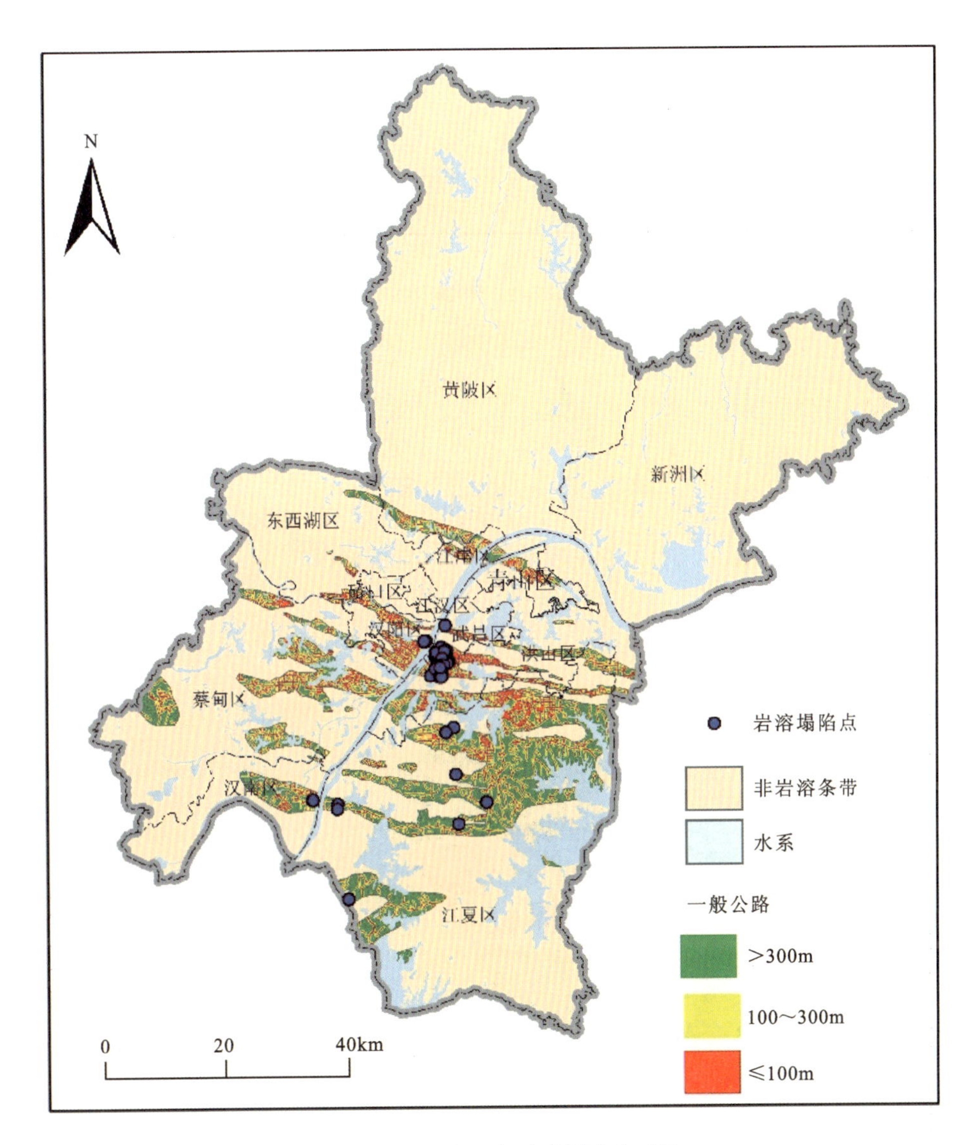

图 8-15　武汉市一般公路缓冲分区图

表 8-25　道路缓冲评价准则

级别	强	中	弱
赋值	3	2	1
主要公路缓冲/m	＜100	100～300	＞300
一般公路缓冲/m	＜50	50～200	＞200

岩溶塌陷危险性 $W_{危}=0.667\times$岩溶塌陷易发性$+0.333\times$人类工程活动强度

将单因子赋值值代入加权平均公式计算可得综合指数。

(8-11)

表 8-26　人类工程活动等级分级表

人类工程活动分级	低强度	中强度	高强度
分段值	≤1.5	1.5～1.9	>1.9

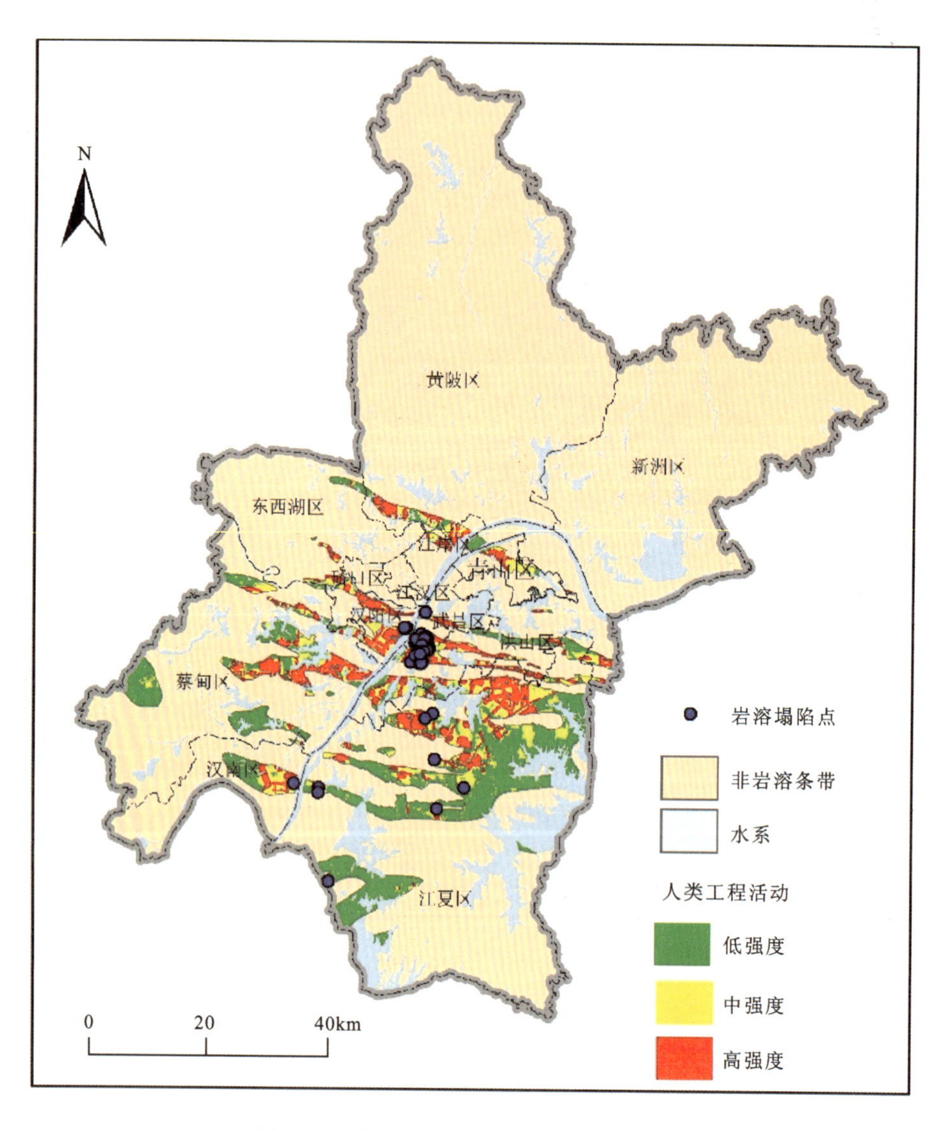

图 8-16　武汉市人类工程活动强度分区图

4. 岩溶塌陷危险性分区

根据综合评价模型计算结果，结合武汉市岩溶塌陷发生的时空特征等，将武汉市岩溶塌陷危险性划分为高危险区、中危险区、低危险区、极低危险区等，分级标准见表 8-27。

表 8-27　岩溶塌陷危险性等级分级表

危险性结果分级	极低危险	低危险	中危险	高危险
分段值	≤1.5	1.5～1.7	1.7～2.0	>2.0

根据综合评价模型计算结果和分区标注，武汉市岩溶塌陷危险性分区见图8-17，分区面积统计见表8-28。

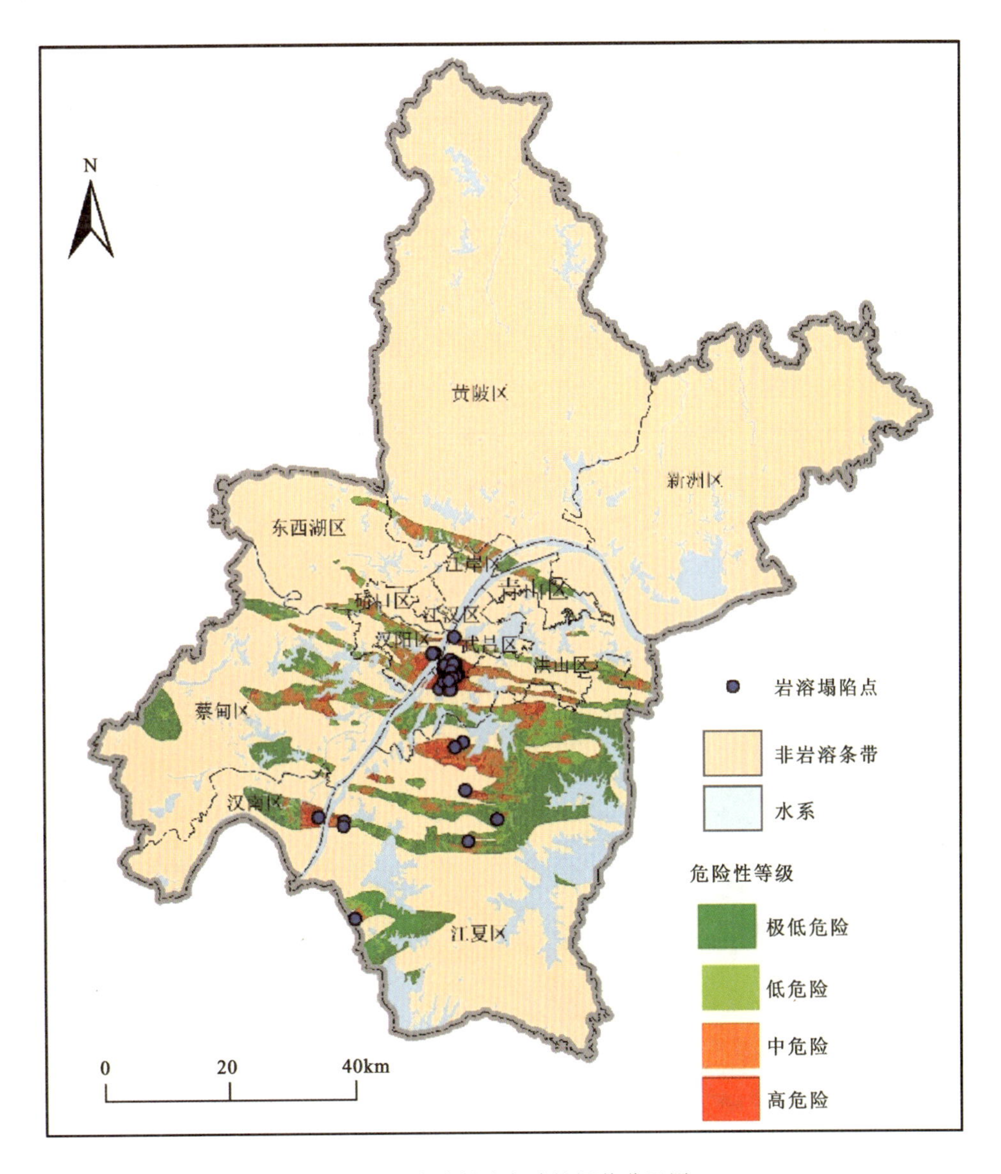

图8-17　岩溶塌陷危险性评价分区图

表8-28　武汉市岩溶塌陷危险性分区结果统计表

危险性分区	面积/km^2	占岩溶总面积百分比/%	岩溶塌陷/处
高危险	82.13	6.87	32
中危险	250.91	20.99	1
低危险	272.27	22.78	0
极低危险	589.99	49.36	0
合计	1 195.30	100.00	33

第三节 岩溶塌陷易损性评价

根据风险性定义和表8-1中易损性分类，在岩溶塌陷易损性评价中主要开展人口易损性评价和经济易损性评价。

一、人口易损性评价

（一）人口空间分布特征

根据第六次人口普查数据，并结合武汉市城镇居民用地和农村居民用地的空间分布，划分武汉市人口密度分区（图8-18）。

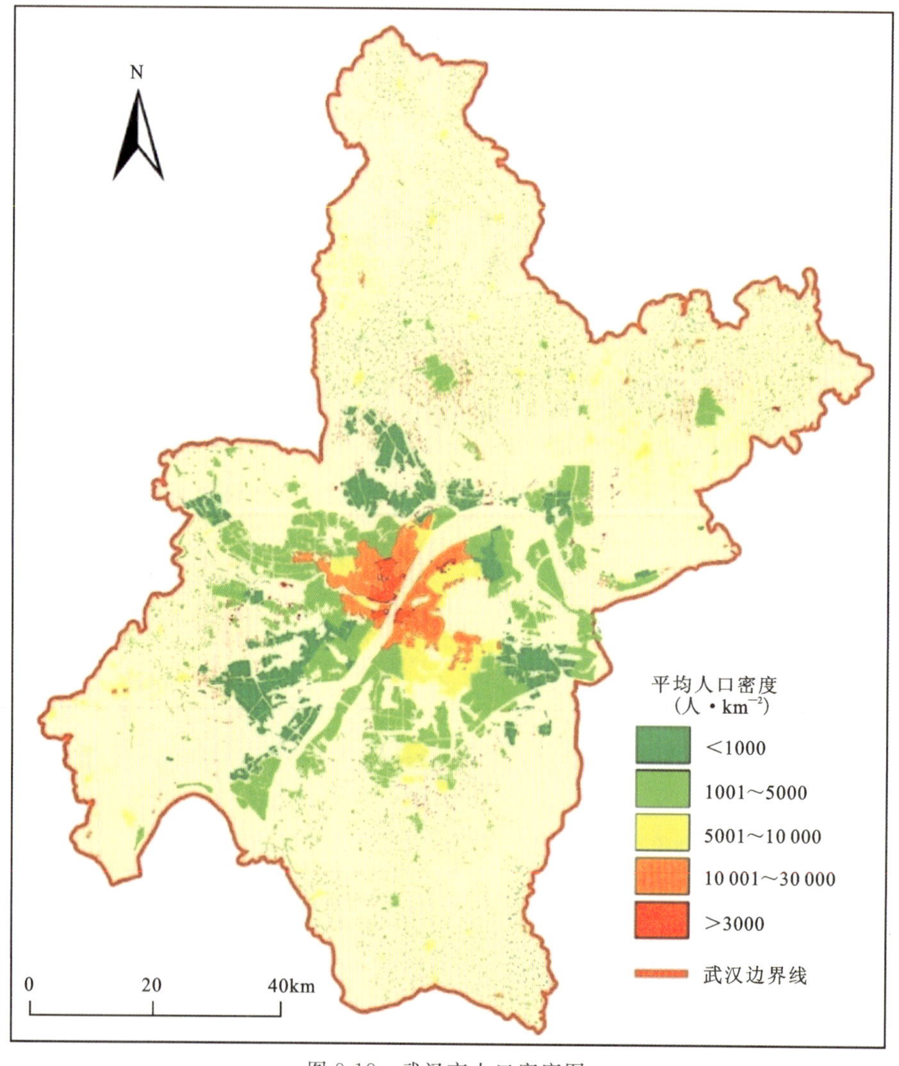

图8-18 武汉市人口密度图

武汉市人口密度极高区（>30 001 人/km²）主要分布在江汉区、江岸区、硚口区和武昌区4个老城区。人口密度极低区（<1000 人/km²）和较低区（1001～5000 人/km²）主要分布在远城区。

根据人口年龄不同，按照“老少”与“中青”比例，进行武汉市人口年龄比例分区（图 8-19）。

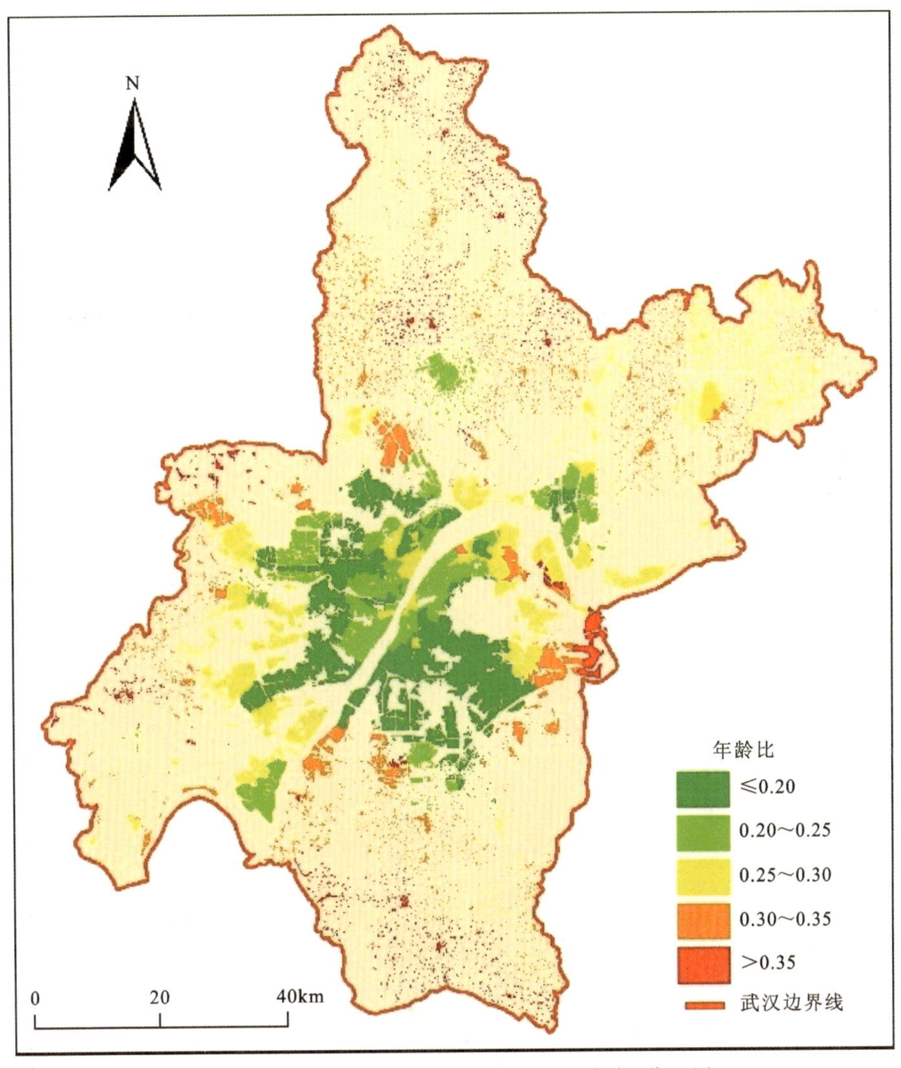

图 8-19　武汉市人口年龄比例（老少：中青）分区图

（二）人口易损性评价

结合岩溶塌陷危险性评价结果（图 8-17）和人口居住用地空间分布特征，划分人口基础易损性分区并赋值，如表 8-29 和图 8-20 所示。

按照重要性等级，人口基础易损性>人口密度>人口年龄比例，各指标赋权重值为 0.5、0.3、0.2。

根据加权平均综合指数模型[式(8-8)]，建立武汉市人口易损性评价模型[式(8-12)]：

$$人口易损性=0.5\times 人口基础易损性+0.3\times 人口密度+0.2\times 人口年龄比 \tag{8-12}$$

表 8-29 人口基础易损性赋值

岩溶塌陷危险性级别	人口基础易损赋值
高危险	0.9
中危险	0.6
低危险	0.3
极低危险	0.1
非居民区	0

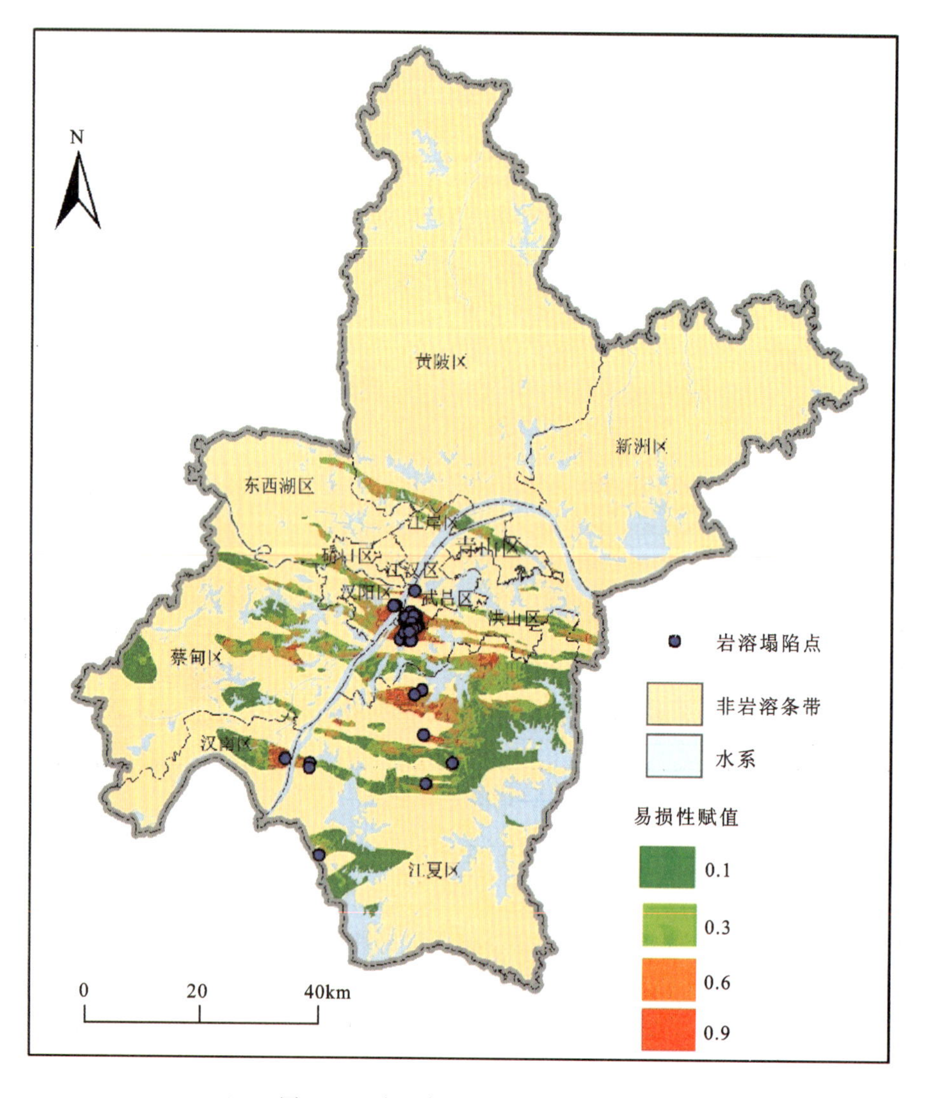

图 8-20 武汉市人口基础易损性图

计算过程中人口密度和人口年龄比均进行了归一化处理。

根据人口易损性评价模型计算结果，按表 8-30 分类等级标准，划分人口易损性分区（图 8-21），人口易损性统计表如表 8-31 所示。

表 8-30 人口易损性分级表

易损性等级	极低	低	中	高
易损性	＜0.1	0.1～0.3	0.3～0.6	＞0.6

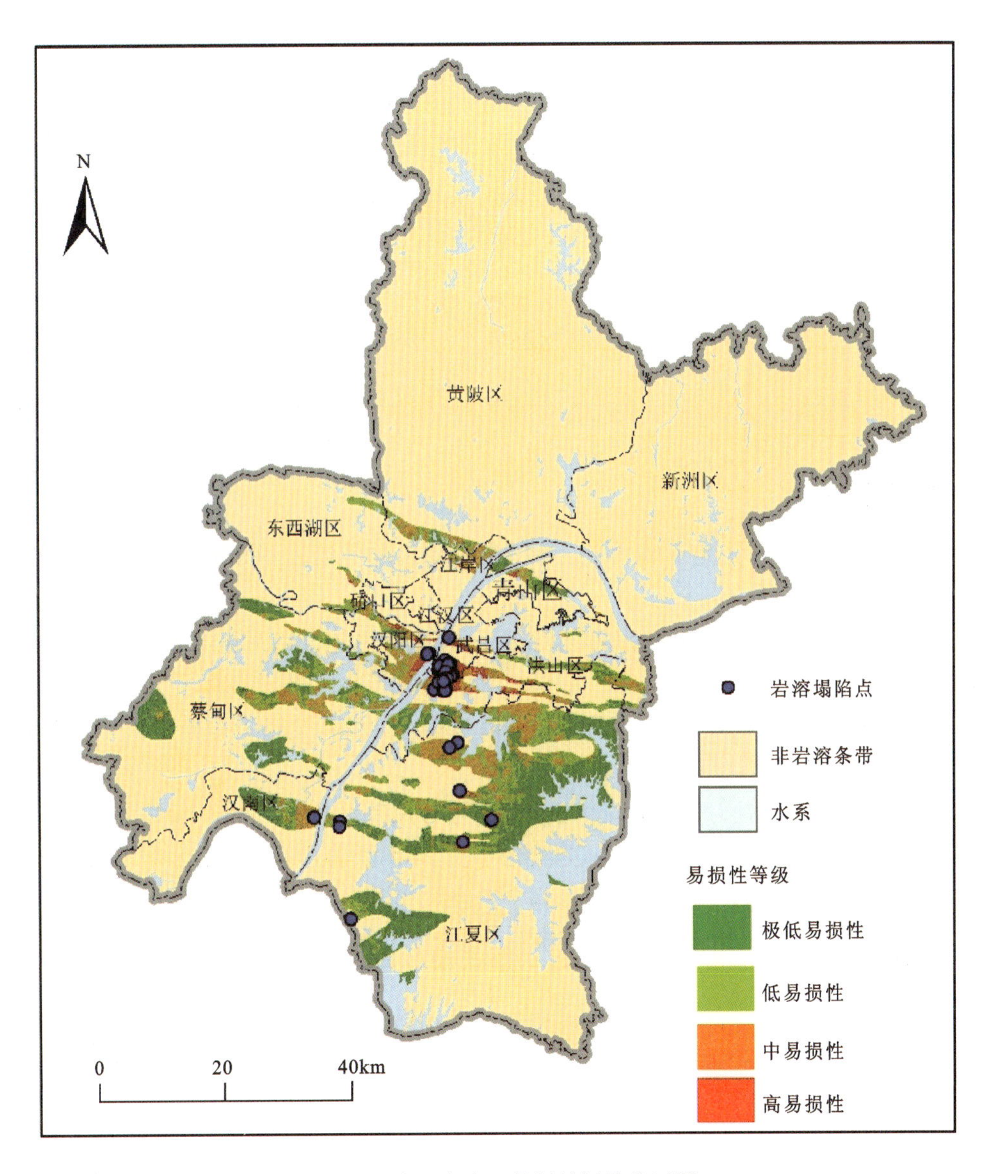

图 8-21 武汉市人口易损性评价分区图

表 8-31　人口易损性分区统计表

易损性分区	空间分布	面积/km²	占岩溶总面积百分比/%
高易损	第三条带沿江一带江堤街—白沙洲等地	37.69	3.15
中易损	第一条带盘龙城、谌家矶等地	245.94	20.58
	第二条带西侧墨水湖等地		
	第三条带汉阳区—洪山区大部分地区		
	第四条带蔡甸区枫树湾、佛祖岭街、大桥新区、庙山等地		
	第六条带纱帽街等地		
低易损	分布于三环以外的江夏区法泗街等地	322.77	27.00
极低易损	位于都市发展区之外的岩溶地区	588.90	49.27
合计		1 195.30	100.00

二、经济易损性评价

经济易损性主要根据土地利用类型，并结合岩溶塌陷危险性评价结果（图 8-17），划分经济基础易损性分区并赋值。

图 8-22 为武汉市土地利用类型现状，主要分为城镇用地、公路用地、农村建筑、林地、旱地、水体等 27 类。

表 8-32 为按照土地利用类型，并结合岩溶塌陷危险性评价结果分级确定的经济基础易损性赋值，图 8-23 为武汉市经济基础易损性分区图。

在土地利用类型中，针对岩溶塌陷，还需要重点考虑道路（图 8-24）和建筑设施（图 8-25）。

按照重要性等级，经济基础易损性＞道路密度＝建筑密度，各指标赋权重值为 0.5、0.25、0.25。

根据加权平均综合指数模型（式 8-8），建立武汉市经济易损性评价模型：

$$\text{经济易损性}=0.5\times\text{经济基础易损性}+0.25\times\text{道路密度}+0.25\times\text{建筑密度} \tag{8-13}$$

计算过程中道路密度和建筑面积均进行了归一化处理。

根据经济易损性评价模型计算结果，按表 8-33 分类等级标准，划分经济易损性分区（图 8-26，表 8-34）。

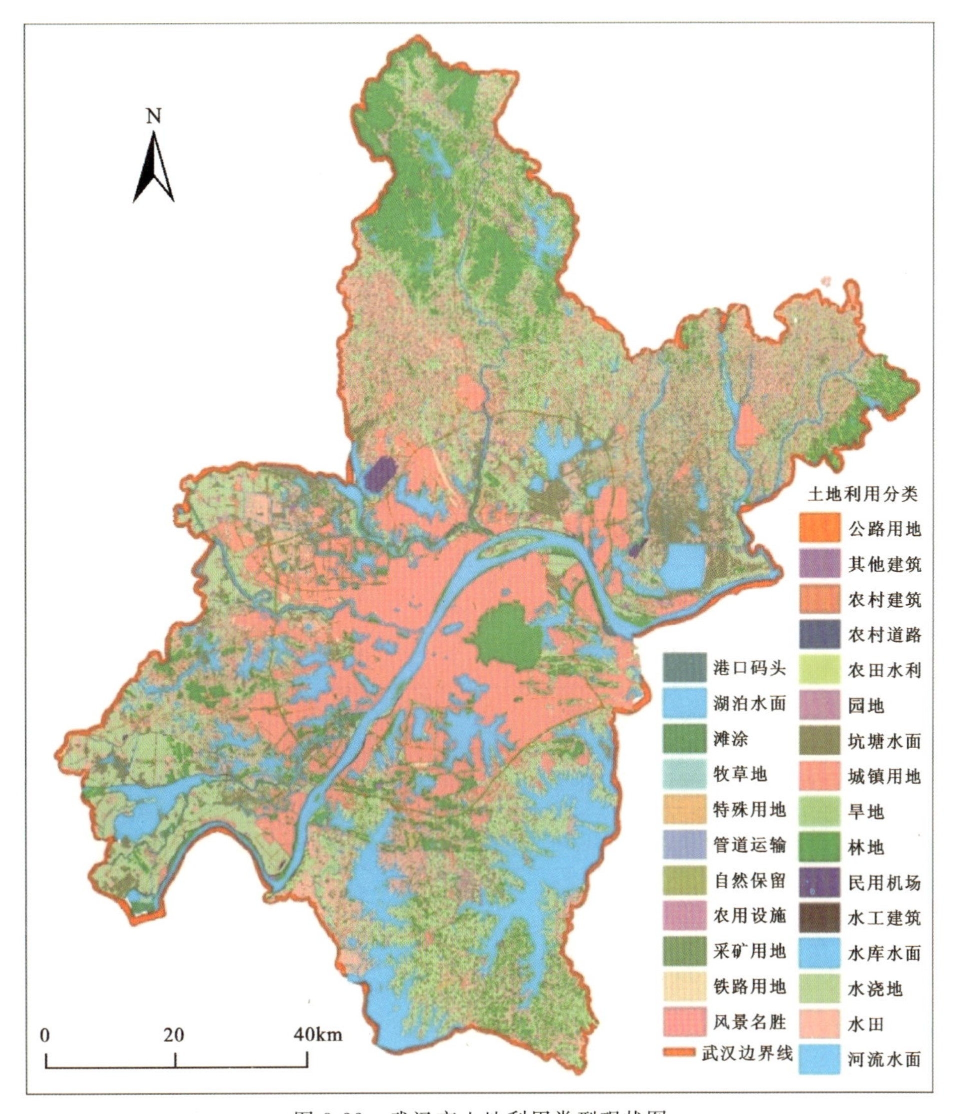

图 8-22 武汉市土地利用类型现状图

表 8-32 经济基础易损性赋值

土地利用类型		地质灾害危险性等级			
		极低	低	中	高
住宅用地	城镇用地	0.1	0.2	0.6	0.8
	农村居民点用地	0.1	0.3	0.7	0.9
农业用地	旱地	0.1	0.3	0.6	0.8
	水浇地	0.1	0.3	0.6	0.8
	水田	0.1	0.3	0.6	0.8
	园地	0.1	0.3	0.6	0.8

续表 8-32

土地利用类型		地质灾害危险性等级			
		极低	低	中	高
建设用地	港口码头用地	0.1	0.4	0.7	0.9
	风景名胜设施用地	0.1	0.4	0.7	0.9
	其他独立建设用地	0.1	0.4	0.7	0.9
	设施农用地	0.1	0.4	0.7	0.9
	港口码头用地	0.1	0.4	0.7	0.9
	风景名胜设施用地	0.1	0.4	0.7	0.9
	其他独立建设用地	0.1	0.4	0.7	0.9
	设施农用地	0.1	0.4	0.7	0.9
建设用地	农田水利用地	0.1	0.4	0.7	0.9
	水工建筑用地	0.1	0.4	0.7	0.9
	特殊用地	0.1	0.4	0.7	0.9
	管道运输用地	0.1	0.4	0.7	0.9
	民用机场用地	0.1	0.4	0.7	0.9
林牧业	林地	0.1	0.2	0.6	0.7
	牧草地	0.1	0.2	0.6	0.7
交通用地	公路用地	0.1	0.2	0.5	0.8
	铁路用地	0.1	0.3	0.6	0.9
	农村道路	0.1	0.4	0.7	1
其他	自然保留地	0.1	0.2	0.4	0.5
	滩涂	0.1	0.2	0.4	0.5
	河流水面	0.1	0.2	0.4	0.5
	湖泊水面	0.1	0.2	0.4	0.5
	坑塘水面	0.1	0.2	0.4	0.5
	水库水面	0.1	0.2	0.4	0.5
	采矿用地	0.1	0.2	0.4	0.5

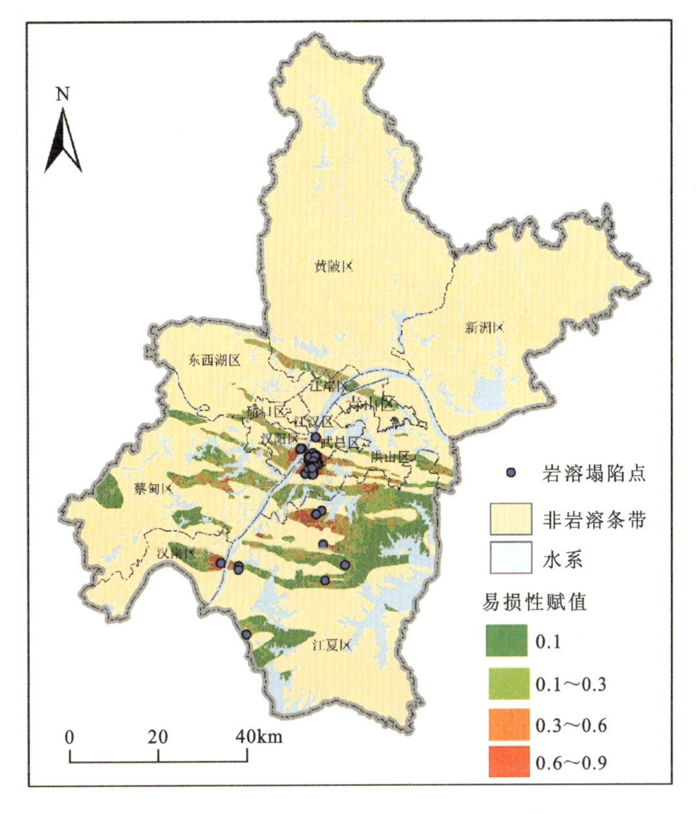

图 8-23　武汉市经济基础易损性分区图

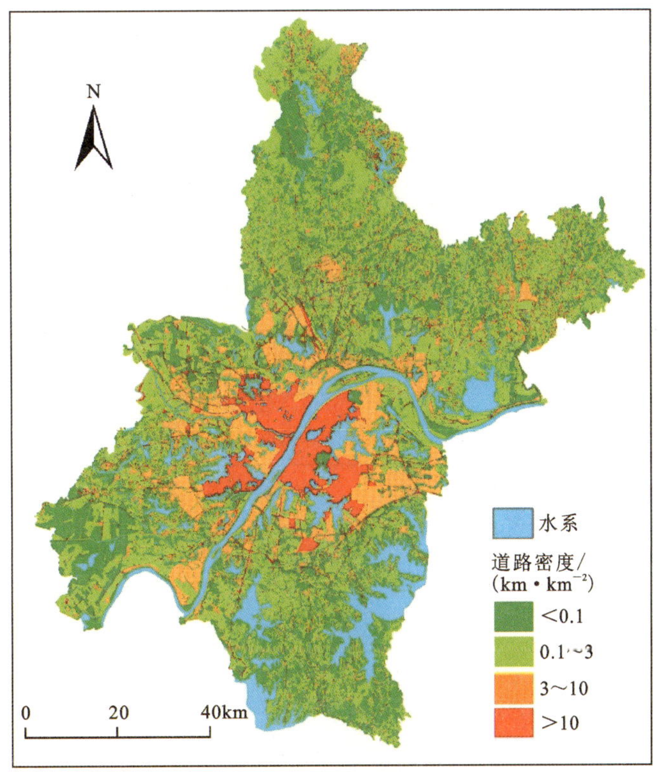

图 8-24　武汉市道路密度统计图

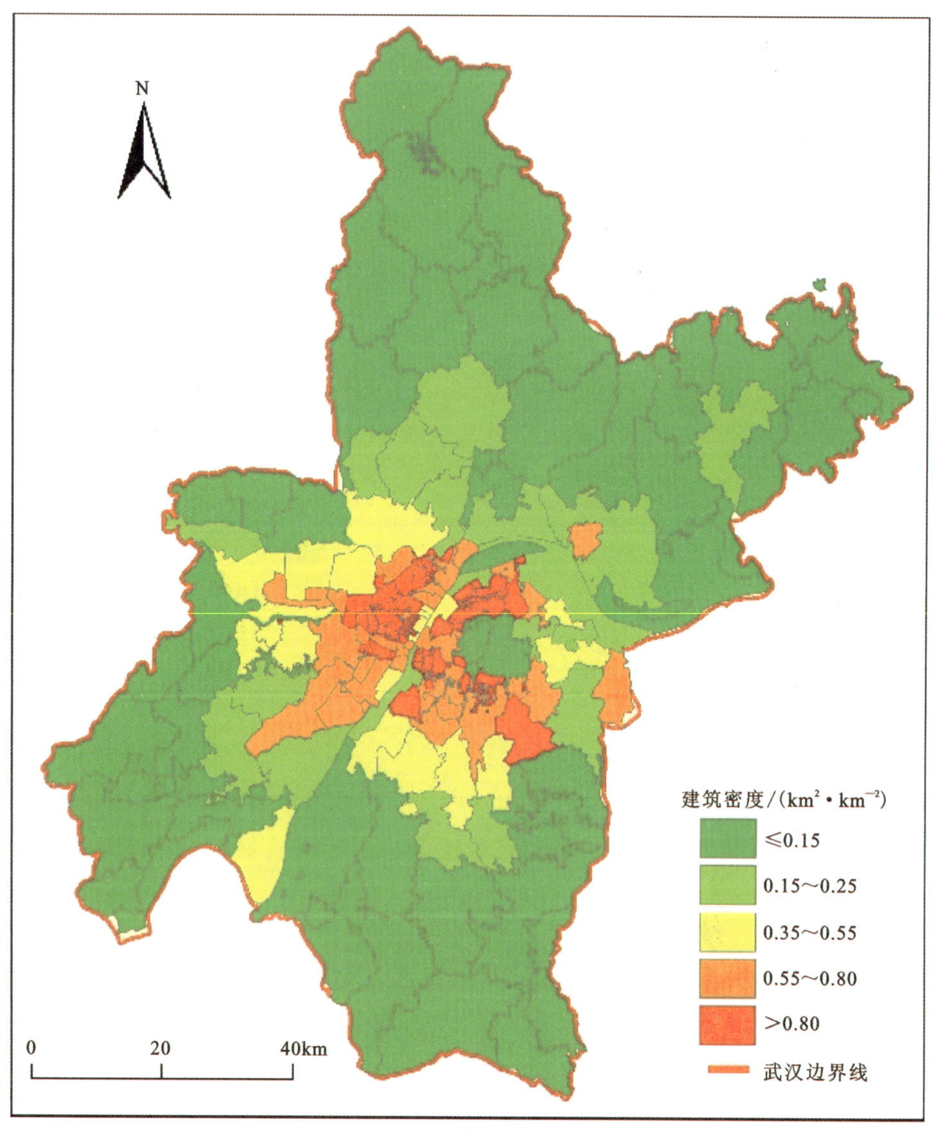

图 8-25　建筑密度分布图

表 8-33　经济易损性分级表

易损性等级	极低	低	中	高
易损性	＜0.1	0.1～0.3	0.3～0.6	＞0.6

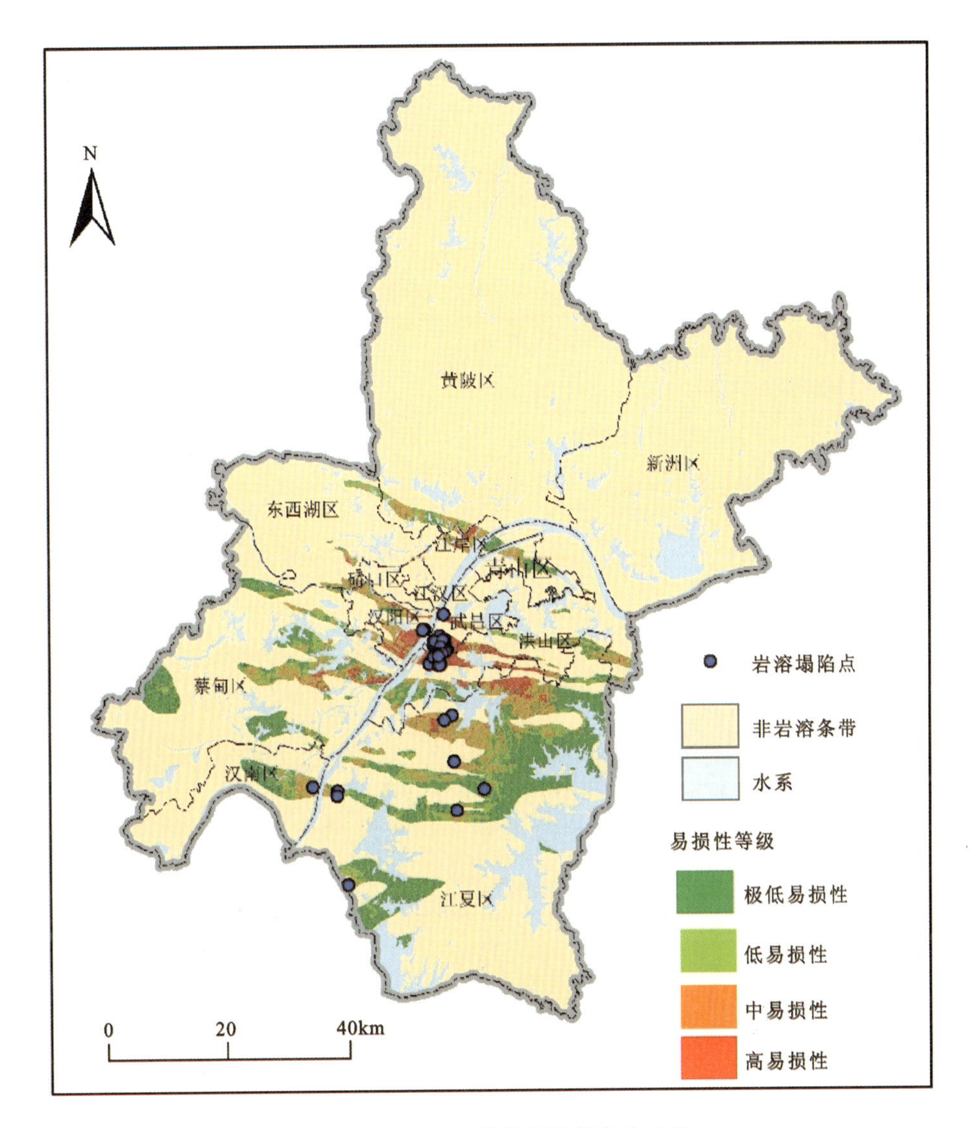

图 8-26 武汉市经济易损性评价分区图

表 8-34 经济易损性分区表

易损性分区	空间分布	面积/km²	占岩溶总面积百分比/%
高易损性	第一条带汉正街	98.40	8.23
	第二条带长江沿岸月湖—龟山—昙华林等地		
	第三条带长江沿岸江堤街—白沙洲—南湖一带		
	第四条带佛祖岭街、大桥新区、庙山等地		
	第六条带纱帽街		

续表 8-34

易损性分区	空间分布	面积/km²	占岩溶总面积百分比/%
中易损性	第一条带盘龙城及长江沿岸 第二条带西侧硚口区和汉阳区 第三条带中部汉阳区和洪山区 第四条带后官湖、牌楼舒村、汤逊湖、蒋家山等地 第六条带长江沿岸纱帽街—金水闸 第七条带法泗镇	313.84	26.26
低易损性	基本位于武汉市三环外	194.16	16.24
极低易损性	基本位于都市发展区之外	588.90	49.27
合计		1 195.30	100.00

第四节　岩溶塌陷风险性评价

根据风险定义和表 8-1、表 8-2 的风险评价等级矩阵，先开展岩溶塌陷人口风险评价和岩溶塌陷经济风险评价，然后开展岩溶塌陷综合风险评价。

图 8-27 和图 8-28 分别为武汉市岩溶塌陷人口风险性评价分区图与经济风险评价分区图。

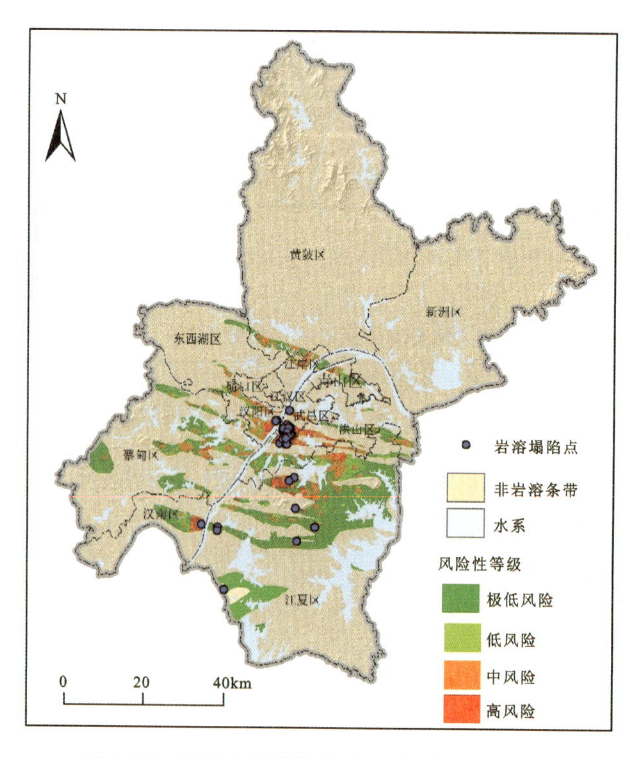

图 8-27　武汉市岩溶塌陷人口风险评价分区图

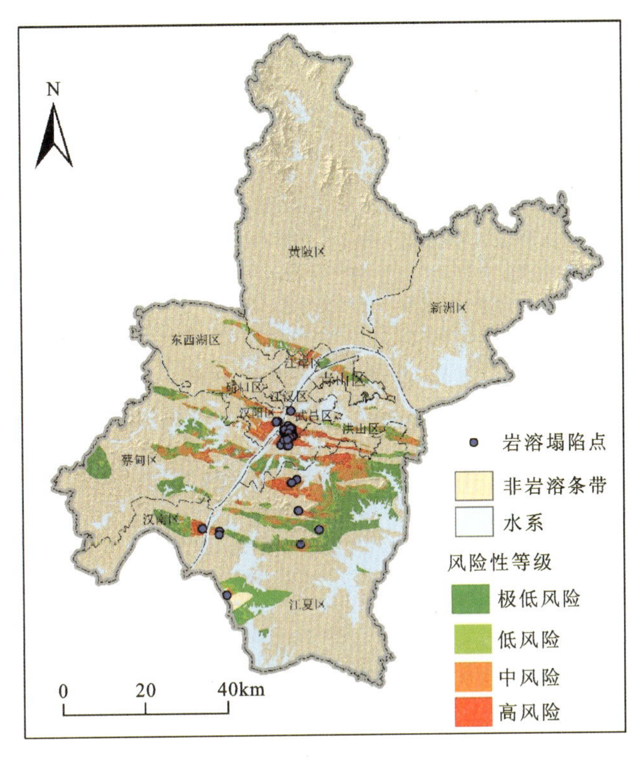

图 8-28　武汉市岩溶塌陷经济风险评价分区图

综合考虑岩溶塌陷人口风险性评价结果，结合经济风险评价结果，得到武汉市岩溶塌陷风险性评价结果（图 8-29），岩溶塌陷风险分区统计表如表 8-35 所示。

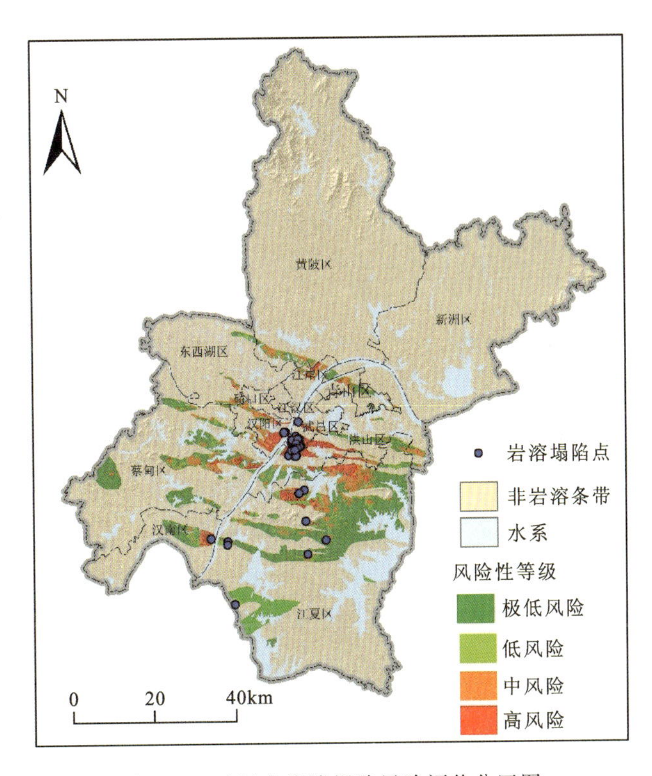

图 8-29　武汉市岩溶塌陷风险评价分区图

表 8-35 岩溶塌陷风险分区统计表

风险性分区	空间分布	面积/km²	面积占比/%	发生塌陷/处
高风险	第一条带谌家矶等地 第二条带沿汉江和长江的月湖—龟山、昙华林等地 第三条带江堤街—白沙洲等地 第四条带沌口街、大桥新区、东湖高新流芳街、青龙山等地 第六条带纱帽街、金水闸等地 第七条带法泗镇	117.44	9.83	30
中风险	第一条带青山营盘山—武钢炼铁厂 第二条带吴家山、东西湖区慈惠街—武汉市财政学校、新店、左岭街 第三条带省政府一南湖北侧 第四条带刘芳街—凤凰山、郑店街—纸坊街 第五条带金口街、白云洞 第七条带法泗街道长虹村	206.79	17.30	1
低风险	分布于江夏区金水桥、乌龙泉街、法泗街和蔡甸区檀树坳等零星地段	165.40	13.84	2
极低风险	其他岩溶区	705.67	59.04	0
合计		1 195.30	100.00	33

第五节　岩溶塌陷风险管控区划

根据武汉市岩溶塌陷风险评价分区和危险性评价分区，结合武汉市土地利用与空间规划布局，重点考虑人口密集居住区、重要基础设施、重要经济区、风景名胜区、重要农业区等保护对象，制定武汉市岩溶塌陷风险防控区划（表 8-36，图 8-30）。

表 8-36 武汉市岩溶塌陷风险防控分区统计表

分区	分布位置	面积/km²
重点风险防控区	第三条带汉阳区江堤街—洪山区沙洲街一带	120.56
	第四条带江夏区大桥新区—庙山一带	
	第六条带汉南区纱帽街—江夏区金水闸一带	
	第七条条带法泗镇一带	
次重点风险防控区	第一条带柏泉街—盘龙城开发区—天兴洲—严西湖	1 074.74
	第二条带吴家山—东湖—丁姑山—左岭街	
	第三条带蔡甸街—龙阳街、南湖—左岭街	
	第四条带奓山街—沌口街—佛祖岭街—龙泉街—青龙山	
	第五条带官莲湖、金口街—白云洞—滨湖街	
	第六条带东荆街—乌龙泉街	
	第七条带江夏区桂子山—安山街	
	第八条带全部区域	
一般风险防控区	其他非岩溶地区	7 373.85

一、重点风险防控区

1. 汉阳区江堤街-洪山区沙洲街岩溶塌陷重点风险防控区

该区包括汉阳、武昌、洪山的部分区域，属岩溶塌陷高风险区，位于“长江主轴”主城段、四新会展商务区，人类工程活动强烈，轨道交通 5 号线、11 号线、杨泗港快速通道等重大工程均穿越该区，应重点防范地铁、高架、基础工程等地下工程施工引发的岩溶塌陷。

2. 江夏区大桥新区-庙山街岩溶塌陷重点风险防控区

该区属岩溶塌陷高风险区，是江夏重要工业园区，人类工程活动强烈，轨道交通 7 号线穿越该区，应重点防范地铁、高架、基础工程等地下工程施工引发的岩溶塌陷。

3. 汉南区纱帽街-江夏区金水闸、法泗镇岩溶塌陷重点风险防控区

该区包括汉南、江夏部分区域，属岩溶塌陷高风险区，包含纱帽新城中心河金水闸中心，人类工程活动强烈，应重点防范高速高架桥、基础工程等地下工程施工引发的岩溶塌陷。

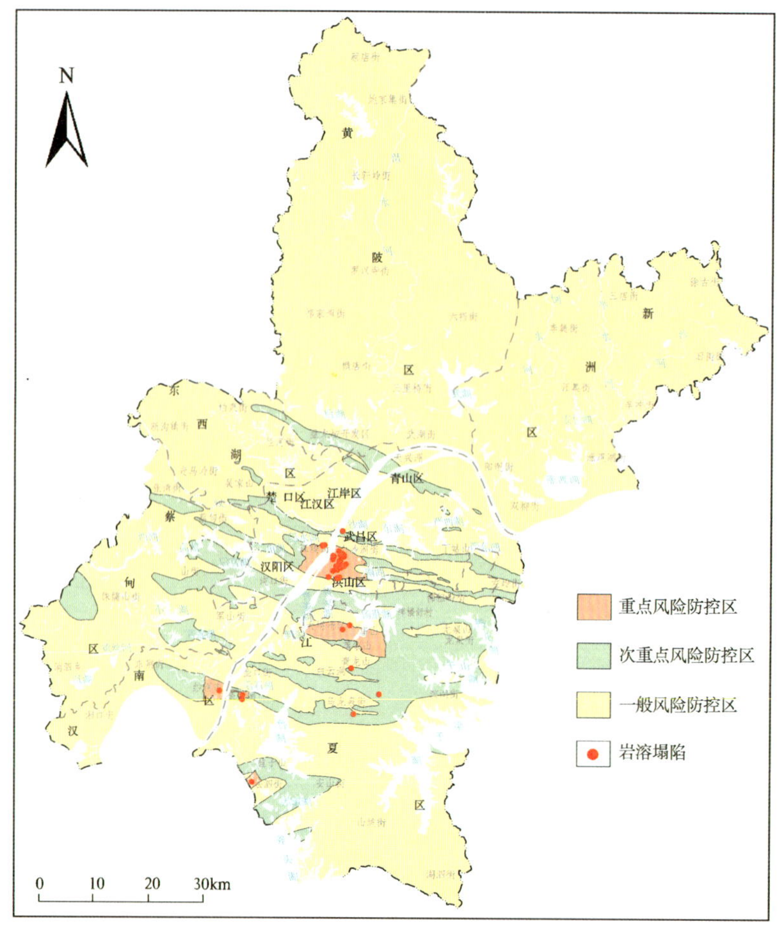

图 8-30　武汉市地质灾害风险防控分区图

二、次重点风险防控区

1. 柏泉街-盘龙城开发区-天兴洲-严西湖次重点风险防控区

该区属岩溶塌陷低一高风险区，包含盘龙城、长江新城、青山部分区域，人类工程活动强烈，轨道交通 11 号和 21 号线穿越该区，应重点防治地下工程施工引发的地面塌陷。

2. 吴家山-东湖-丁姑山-左岭次重点风险防控区

该区属岩溶塌陷低-高风险区，包含汉阳区、东湖新技术开发区，人类工程活动强烈，轨道交通 3 号、4 号、6 号和 8 号等线穿越该区，应重点防治地下工程施工引发的地面塌陷。

3. 蔡甸街-龙阳街、南湖-东湖新技术开发区左岭次重点风险防控区

该区属岩溶塌陷中-高风险区，包含汉阳、武昌、洪山、东西湖、蔡甸、东湖新技术开发区的部分区域和东湖城市生态绿心、中法生态城、光谷生物城和未来科技城的部分区域，随着城市发展建设，人类工程活动逐渐增强，应重点防治地下工程施工引发的地面塌陷。

4. 奓山街-沌口街-佛祖岭街-龙泉街、江夏金口街-纸坊街-乌龙泉街次重点风险防控区

该区属岩溶塌陷低-高风险区，包括蔡甸、江夏、武汉经济技术开发区的部分区域和纸坊新城中心、军山智慧城、金口产业园、郑店工业园、青龙山地铁小镇、乌龙泉矿业基地的部分区域，武深高速、四环线、轨道交通27号线等重大工程，人类工程活动较强烈，应重点防治地下工程施工引发的地面塌陷。

5. 江夏区桂子山-安山岩溶塌陷次重点风险防控区

该区属岩溶塌陷中易发区，位于江夏西南部，包含斧头湖国家湿地保护区、上涉湖省级湿地保护区的部分区域，也是武汉市的重要农业区，应加强监测预警，重点防范工程活动引发的岩溶塌陷。

三、一般风险防控区

该区主要分布涉及区内各街道，主要分布于街道人口密度较小，地质灾害发育程度较低的区域，多属地质灾害低危险区、低-中风险区。

第九章 岩溶塌陷监测部署方案

第一节 基本思路

岩溶塌陷监测是岩溶塌陷地质灾害防治工作的重要内容之一。通过监测可掌握岩溶塌陷影响因子随时间的变化特征,进而为岩溶塌陷预测预警提供基础数据支撑。根据岩溶塌陷发育条件,监测内容主要包括空间条件(如溶洞或土洞、溶蚀裂隙、溶沟、溶槽等)、物质条件(如上覆盖层结构、厚度等)、致塌作用力(如降水、地下水水位、人类工程活动等)。

根据区域性监测和专门性监测的不同,武汉市岩溶塌陷监测网可分为两个层次:

(1)岩溶塌陷区域监测网。区域监测网布设以武汉市岩溶发育程度为区域背景,以区域控制为主要目的,全面监测控制武汉市8条岩溶条带的基本情况。

(2)岩溶塌陷专门监测网。专门监测网主要针对在建或已建工程进行监测。针对岩溶条带内的在建工程,应根据不同工程施工特点和强度,在工程建设场地及周边影响范围内,设立针对工程施工手段的局部加密监测点,监测网以实现岩溶塌陷的精准、连续和全面控制为主要目的,及时预报岩溶塌陷可能发生的时间和地点。针对岩溶条带内的已建工程,在运行期间,主要考虑荷载和振动因素布设监测点,及时发现岩溶塌陷变形迹象和隐患。

第二节 岩溶塌陷监测

一、监测内容及方法

根据武汉市岩溶塌陷监测基本思路,确定武汉市岩溶塌陷监测主要内容包括土洞、地表形变、地下水、降水、工程振动等监测对象,具体的监测内容及监测指标如下。

(一)土体内部变形监测

该监测内容是指监测土体内部土洞的发展及变化。监测方法主要采用地质雷达和静力触探固定剖面扫描(包括钻孔垂直式和水平分布式光纤传感技术监测)等。

(二)地表形变监测

该监测内容是指监测建筑物裂缝变形及地面形变。建筑物裂缝监测主要采用自动裂缝监测仪;地面形变监测一般通过设立基准点和形变桩,采用水准测量(GNSS)进行监测,同时,采用地面宏观巡查。

(三)地下水监测

该监测内容是指监测地下水的动态变化,包括地下水水气压、地下水水位、水温等,采用地下水水位水温自动监测设备进行监测。

(四)降水监测

该监测内容是指监测降水量大小,主要采用自动雨量监测站进行监测。

（五）工程振动监测

该监测内容是指监测来源于施工机械振动、来往车辆行驶产生的振动，主要采用地震计进行监测。

二、监测网布设

根据武汉市岩溶地质条件、岩溶发育特征、岩溶塌陷主控因素及已发生的岩溶塌陷概况，结合岩溶塌陷风险性评价结果，将武汉市岩溶塌陷监测分为区域性监测网和专门性监测网。

1. 区域性监测网

武汉市区域性岩溶塌陷监测网以地下水监测为主。依据《地下水监测工程技术规范》（GB/T 51040—2014）》，每千平方千米布设10～20孔，在城市重点规划区适当加密，控制武汉市8个岩溶条带的岩溶地下水系统单元（表9-1），掌握岩溶条带地下水系统的水气、水位、水质、水温动态变化特征，预报预警岩溶塌陷地质灾害。

表9-1　岩溶塌陷区域性监测网部署表

岩溶条带名称	面积/km^2	工作量
天兴洲条带	83.08	9个监测站点（孔隙水监测站点2个、岩溶水监测站点7个）
大桥条带	76.17	12个监测站点（孔隙水监测站点2个、岩溶水监测站点10个）
白沙洲条带	141.80	8个岩溶水监测站点
沌口条带	577.83	20个监测站点（孔隙水监测站点1个、岩溶水监测站点19个）
军山条带	77.97	7个监测站点（孔隙水监测站点2个、岩溶水监测站点5个）
金水闸条带	127.70	6个监测站点（孔隙水监测站点1个、岩溶水监测站点5个）
老桂子山条带	95.13	2个监测站点（孔隙水监测站点1个、岩溶水监测站点1个）
斧头湖条带	15.62	2个岩溶水监测站点

（1）第一岩溶条带（天兴洲岩溶条带）。沿第一岩溶条带向斜核部和近南北向断裂处布设9个监测站点（孔隙水监测站点2个、岩溶水监测站点7个）。

（2）第二岩溶条带（大桥岩溶条带）。在第二岩溶条带的向斜核部和覆盖型埋藏型交界部位布设12个监测站点（孔隙水监测站点2个、岩溶水监测站点10个）。

（3）第三岩溶条带（白沙洲岩溶条带）。沿向斜核部、近南北向断裂交界处设计部署8个岩溶水监测站点。

（4）第四岩溶条带（沌口岩溶条带）。沿向斜核部、近南北向断裂交界处部署20个监测站点（孔隙水监测站点1个、岩溶水监测站点19个）。

（5）第五岩溶条带（军山岩溶条带）。沿向斜核部、近南北向断裂交界处部署7个监测站点（孔隙水监测站点2个、岩溶水监测站点5个）。

（6）第六岩溶条带（金水闸岩溶条带）。沿向斜核部、近南北向断裂交界处补充部署6个监测站点(孔隙水监测站点1个、岩溶水监测站点5个)。

(7)第七岩溶条带(老桂子山岩溶条带)。沿覆盖型和埋藏型交界处补充部署2个监测站点(孔隙水监测站点1个、岩溶水监测站点1个)。

(8)第八岩溶条带(斧头湖岩溶条带)。现沿地下水流向补充部署2个岩溶水监测站点。

2. 专门性监测网

专门性监测网以岩溶塌陷高易发地段或重要工程为监测对象,采用土体内部变形、地表变形、地下水监测及振动监测等组合手段。目前主要部署在已经发生过岩溶塌陷的重点地段(表9-2,图9-1)。

表9-2 岩溶塌陷专门性监测网部署表

专门性监测网	面积/km^2	监测内容及方法	备注
白沙洲监测区	53	地下水水位监测、地下水气压力监测、光纤传感技术监测、地质雷达监测、微震监测、GNSS地表变形监测、降水监测、宏观巡查	沿江地段岩溶地质条件脆弱,发育长江断裂,人类工程活动剧烈;该区曾发生过23处岩溶塌陷,约占武汉市岩溶塌陷总数的70%,为武汉市岩溶地面塌陷最为集中地段
纸坊—庙山监测区	47	地质雷达监测、光纤传感技术监测、GNSS地表变形监测、地下水水位监测、降水监测、宏观巡查	发育有长江断裂、蒋家墩-青菱湖断裂、五通口断裂和马场咀断裂,第四系覆盖层厚度<20m,浅部灰岩强发育。人口建筑较为密集,工民建施工频繁,四环线、7号线均已建成并运行。区内发生过2处岩溶塌陷,其中一处为大型塌陷,造成人员伤亡,损失严重
汉南—金水闸监测区	19	地下水水位监测、光纤传感技术监测、GNSS地表变形监测、降水监测、宏观巡查	发育三元寺断裂和长江断裂;人口、建筑较为密集,工民建施工频繁;曾发生过3处岩溶塌陷,其中陡埠村岩溶塌陷为大型,影响江堤和居民生命财产安全,损失较大
法泗监测区	12	地下水水位监测、光纤传感技术监测、GNSS地表变形监测、降水监测、宏观巡查	断裂、褶皱构造发育,区内曾发生过1处大型岩溶塌陷。目前武深高速穿越塌陷区,已建成并通车运行,运行期间车辆通行震动会对地质条件产生不利影响;一旦塌陷再度发生,将直接威胁武嘉高速、金水河河堤、区内居民的生命财产安全

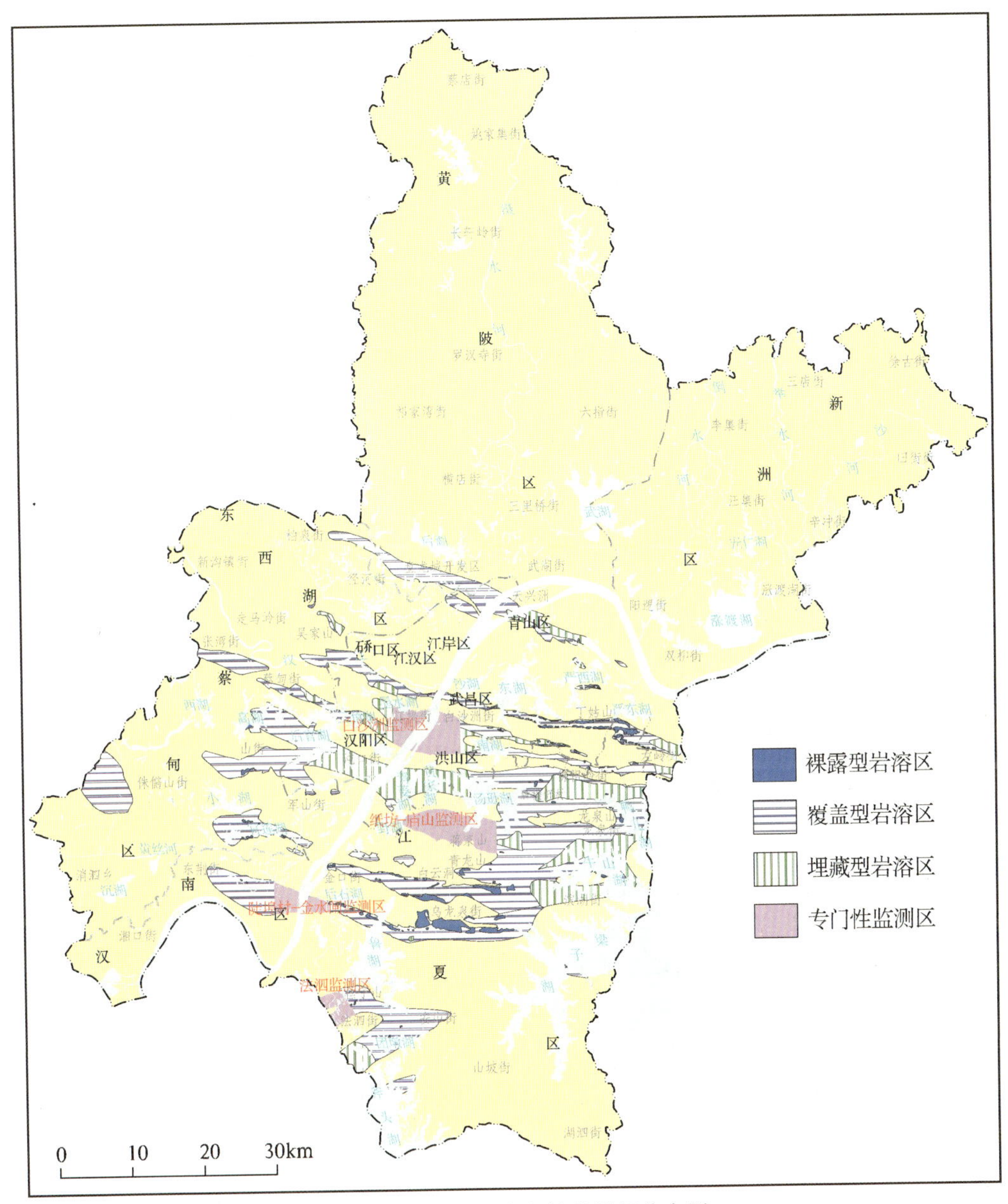

图 9-1　岩溶塌陷专门性监测网分布图

主要参考文献

蔡建斯,张洪,2019.岩溶塌陷稳定性数值模拟分析及防治对策:以深圳市某区域为例[J].中国矿业,28(2):133-138.

陈冬琴,唐仲华,陈锐,2016.基于水动力-力学耦合方法的岩溶塌陷预测[J].安全与环境工程,23(4):26-32.

陈国亮,1994.岩溶塌陷的成因与防治[M].北京:中国铁道出版社.

陈奇,武强,2008.矿区岩溶塌陷工程治理研究[J].工程勘察(6):31-35.

陈云敏,陈斌贝,2004.滑坡监测 TDR 技术的试验研究[J].岩石力学与工程学报,23(16):2748-2755.

成世才,郭加朋,马海会,等,2009.泰安市岩溶塌陷动力诱导因素分析[J].山东国土资源,25(12):42-45.

程星,彭世寿,2005.岩溶区地下水位下降致塌的数值模拟研究[J].地球与环境,33(增刊):119-123.

代群力,1991.岩溶矿区地面塌陷成因新说——共振论[J].中国煤田地质(3):66-68.

代群力,1994.论岩溶塌陷的形式机制与防治[J].中国煤田地质(2):59-63.

丁新红,郭建湖,2005.京广铁路 K1241 路基岩溶塌陷成因分析[J].西部探矿工程(4):214-216.

范士凯,2017.土体工程地质宏观控制论的理论与实践[M].武汉:中国地质大学出版社.

高宗军,2001.泰安岩溶塌陷形成机理与防治对策[J].中国地质灾害与防治学报,12(4):73-76.

高宗军,鲁统民,王敏,2019.基于岩溶水动态的岩溶塌陷预测预报方法[J].中国岩溶,38(5):739-745.

洪儒宝,简文彬,陈雪珍.覆盖型岩溶土洞对地下水升降作用的响应及其塌陷演化过程研究[J].工程地质学报,31(1):240-247.

胡亚波,刘广润,肖尚德,等,2007.一种复合型岩溶塌陷的形成机理——以武汉市烽火村塌陷为例[J].地质科技情报,26(1):96-100.

黄安斌,林志平,廖志中,等,2002.先进边坡监测系统之研发[J].土木水利,29(2):65-78.

黄文龙,2021.岩溶塌陷区地下水监测方法探究——以广东肇庆地区某自然村为例[J].地下水,43(1):47-49.

蒋小珍,1998.岩溶塌陷中水压力的触发作用[J].中国地质灾害与防治学报(3):42-47.

蒋小珍，雷明堂，2006. 光纤传感技术监测塌陷模型试验研究[J]. 水文地质工程地质(6)：75-79.

蒋小珍，雷明堂，2018. 岩溶塌陷灾害的岩溶地下水气压力监测技术及应用[J]. 中国岩溶，37(5)：786-791.

蒋小珍，雷明堂，陈渊，等，2006. 岩溶塌陷的光纤传感监测试验研究[J]. 水文地质(6)：75-79.

蒋小珍，雷明堂，顾维芳，等，2008. 线性工程路基岩溶土洞(塌陷)监测技术与方法综述[J]. 中国岩溶，27(2)：172-175.

康彦仁，1984. 试论岩溶塌陷的类型划分[J]. 中国岩溶(2)：146-155.

康彦仁，1989. 岩溶塌陷的形成机制[J]. 广西地质，2(2)：83-90.

康彦仁，1992. 论岩溶塌陷形成的致塌模式[J]. 水文地质工程地质，19(4)：32-46.

康彦仁，项式均，陈健，等，1990. 中国南方岩溶塌陷[M]. 南宁：广西科学技术出版社.

雷明堂，蒋小珍，李瑜，等，2003. 桂林柘木岩溶塌陷监测预报[C]//中国地质学会. 岩溶地区水、工、环及石漠化问题学术研讨会.

雷明堂，李瑜，蒋小珍，2004. 岩溶塌陷灾害监测预报技术与方法初步研究：以桂林市柘木村岩溶塌陷监测为例[J]. 中国地质灾害与防治学报，15(增刊)：142-146.

李海涛，陈邦松，杨雪，等，2015. 岩溶塌陷监测内容及方法概述[J]. 工程地质学报，23(1)：126-134.

李慧娟，金小刚，涂婧，等，2019. 武汉市典型地区岩溶发育特征分析[J]. 中国地质灾害与防治学报(4)：40-47.

李慎奎，2020. 武汉地区沙漏型岩溶塌陷数值分析与模型试验研究[J]. 隧道建设，40(7)：981-987.

李卫民，2010. 人为岩溶塌陷机理分析及防治措施[J]. 工程勘察，1(增刊)：112-117.

李瑜，雷明堂，蒋小珍，等，2009. 覆盖型岩溶平原区岩溶塌陷脆弱性和开发岩溶地下水安全性评价——以广西黎塘镇为例[J]. 中国岩溶，28(1)：11-16.

李瑜，朱平，雷明堂，2005. 岩溶塌陷监测技术与方法[J]. 中国岩溶，24(2)：103-108.

刘秀敏，陈从新，沈强，2011. 覆盖型岩溶塌陷的空间预测与评价[J]. 岩土力学，32(9)：2785-2790.

刘之葵，梁金城，周健红，2004. 岩溶区土洞发育机制的分析[J]. 工程地质学报，12(1)：45-49.

罗坤，官善友，蒙核量，2008. 武汉地区红黏土地基承载力确定方法的探讨[J]. 城市勘测(2)：155-160.

罗小杰，2013. 武汉地区浅层岩溶发育特征与岩溶塌陷灾害防治[J]. 中国岩溶，32(4)：419-432.

罗小杰，2017. 岩溶塌陷理论与实践[M]. 武汉：中国地质大学出版社.

蒙彦，2020. 广花盆地岩溶塌陷多参数监测预警与风险防控[D]. 武汉：中国地质大学(武汉).

蒙彦，管振德，2011. 应用光纤传感技术进行岩溶塌陷监测预报的关键问题探讨[J]. 中国岩溶,30(2):187-192.

蒙彦,黄健民,雷明堂,2009.基于灰色 Verhulst 模型的岩溶塌陷定量预报预测方法[J].中国岩溶,28(1):17-22.

乔书光,2009.地铁工程建设岩溶风险评估及应用[J].湖北广播电视大学学报,29(7):159.

邱兵,肖尧,王义喜,2011.桩孔内反复抽排地下水诱发地面塌陷成因分析及防治对策[J].四川地质学报,31(3):344-346.

屈若枫,2017.武汉地铁穿越区岩溶塌陷过程及其对隧道影响特征研究[D].武汉:中国地质大学(武汉).

沈铭,杨涛,赵新建,2014.武汉市岩溶塌陷监测技术探讨[J].资源环境与工程,28(2):177-180.

苏阳,曾克强,陈孟芝,2007.桂林市岩溶土洞塌陷的形成机制及治理措施[J].矿产与地质(6):88-90.

孙金辉,2011.覆盖型岩溶塌陷临界参数模型试验与数值模拟研究[D].成都:西南交通大学.

孙志军,王浩,邓家喜,2012.桂阳公路岩溶土洞发育区路基稳定性监测预报研究[J].中外公路,32(1):37-40.

谭鉴益,2001.广西覆盖型岩溶区土层崩解机理研究[J].工程地质学报,9(3):272-276.

唐万春.高速铁路后覆盖型岩溶路基地质工程问题系统研究——以武广客运专线韶关至花都段为例[D].成都:成都理工大学.

铁道部第二勘测设计院,1984.岩溶工程地质[M].北京:中国铁道出版社.

涂国强,2001.铁路沿线岩溶塌陷预测研究及其应用[D].成都:西南交通大学.

涂婧,刘长宪,姜超,等,2020.湖北武汉岩溶塌陷易发性评价[J].中国地质灾害与防治学报,31(4):94-99.

涂婧,魏瑞均,杨戈欣,等,2019.湖北武汉岩溶塌陷时空分布规律及其影响因素分析[J].中国地质灾害与防治学报,30(6):68-73.

万华琳,蔡德所,何薪基,等,2001.高陡边坡深部变形的光纤传感监测试验研究[J].三峡大学学报(自然科学版),23(1):20-23.

王建庆,2013.覆盖型岩溶区土洞塌陷机制及其稳定性研究[D].桂林:桂林理工大学.

王建秀,杨立中,刘丹,等,2000.阻水盖层分布区岩溶塌陷的物质及及成因研究[J].水文地质工程地质(4):25-29.

王柳宁,高武振,2000.桂林市西城区地下水活动与岩溶塌陷的关系[J].桂林工学院学报(2):106-110.

王贤能,邹辉,柳书秋,2007.岩溶塌陷区刚性桩复合地基技术应用[J].中国地质灾害与防治学报,18(4):60-65.

吴庆华,张伟,刘煜,等,2018.基于物理模型试验的岩溶塌陷定量研究[J].长江科学院院报,35(3):52-58.

仵彦卿,1999.地下水与地质灾害[J].地下空间,19(4):303-310,316.

项式均,康彦仁,刘志云,等,1986.长江流域的岩溶塌陷[J].中国岩溶,5(4):255-272.

肖明贵,2005.桂林市岩溶塌陷形成机制与危险性预测[D].吉林:吉林大学.

谢忠球,万志清,钱海涛,2006.抽水引起岩溶区路基塌陷的机理分析及其控制[J].公路(7):25-28.

徐卫国,赵桂荣,1978.试论岩溶矿区地面塌陷的成因及防治设想[J].化工矿山技术(4):17-27.

徐卫国,赵桂荣,1979.岩溶矿区地面塌陷的成因与防治再探[J].化工矿山技术(4):50-59,72.

徐卫国,赵桂荣,1981.试论岩溶矿区地面塌陷的真空吸蚀作用[J].地质论评,27(2):174-180,183.

徐卫国,赵桂荣,1986.论岩溶塌陷形成机理[J].煤炭学报,11(2):3-13.

徐卫国,赵桂荣,1988.真空吸蚀作用引起的塌陷实例[J].水文地质工程地质(3):50-51.

徐卫国,赵桂荣.华北煤矿区岩溶陷落柱形成机理与突水的探讨[J].水文地质工程地质,1990(6):45-47.

杨元丽,孟凡涛,杨荣康,2019.黔中高原台面浅覆盖型岩溶塌陷监测方法研究——以安顺市玉碗井塌陷为例[J].地下水,41(4):12-15.

张桂香,蒋方媛,余成华,2009.深圳市龙岗中心城岩溶塌陷光纤传感监测研究[J].地质灾害与环境保护,20(4):117-121.

张俊义,晏鄂川,薛星桥,等,2005.BOTDR技术在三峡库区崩滑灾害监测中的应用分析[J].地球与环境,33(增刊):355-358.

张少波,简文彬,2019.水位波动条件下覆盖型岩溶塌陷试验研究[J].工程地质学报,27(3):659-667.

张玉军,2009.浅谈岩溶地区钻孔灌注桩施工[J].中小企业管理与科技(7):122-123.

赵显鹏,刘运清,2004.岩溶地区路基土洞成因及处理措施[J].交通科技,205(5):35-37.

赵颖文,孔令伟,郭爱国,等,2003.广西原状红黏土力学性状与水敏性特征[J].岩土力学,24(4):568-572.

郑小战,2009.广花盆地岩溶地面塌陷灾害形成机理及风险评估研究[D].长沙:中南大学.

郑晓明,金小刚,陈标典,等,2019.湖北武汉岩溶塌陷成因机理与致塌模式[J].中国地质灾害与防治学报(5):75-82.

中国地质调查局,2023.中国岩溶地下水与石漠化研究[M].南宁:广西科学技术出版社.

左平怡,赵济群,钱再华,1981.对真空吸蚀作用解释地面塌陷的疑议[J].地质论评,27(3):243-248.

内部参考资料

湖北省地质调查院,2011.区域地质调查报告(1:50 000)(汉阳县幅、武汉市幅、阳逻镇幅、金口镇幅、武昌县幅、豹子澥幅)[R].武汉:湖北省地质调查院.

湖北省地质环境总站,2009.武汉市地面塌陷灾害调查与监测预警报告[R].武汉:湖北省地质环境总站.

湖北省地质环境总站,2013.武汉市洪山区青菱乡毛坦港村地面塌陷应急调查报告[R].武汉:湖北省地质环境总站.

湖北省地质环境总站,2015.武汉市光谷中华科技园玉屏大道道路工程地质灾害危险性评估报告[R].武汉:湖北省地质环境总站.

湖北省地质环境总站,2016.武汉市岩溶塌陷调查(H50E011001、H50E012001)项目成果报告[R].武汉:湖北省地质环境总站.

湖北省地质环境总站,2017.湖北江夏地区(土地堂幅)岩溶塌陷1:5万环境地质调查项目成果报告[R].武汉:湖北省地质环境总站.

湖北省地质环境总站,2019.湖北江夏地区山坡幅(H50E012002)岩溶塌陷1:5万环境地质调查项目成果报告[R].武汉:湖北省地质环境总站.

湖北省地质环境总站,2020.湖北省武汉市地质灾害风险调查评价成果报告[R].武汉:湖北省地质环境总站.

湖北省地质环境总站,2021.武汉市地质灾害详细调查报告[R].武汉:湖北省地质环境总站.

湖北省地质局武汉水文地质工程地质大队,1986.武汉市第四纪地质及地貌研究报告[R].武汉:湖北省地质局武汉水文地质工程地质大队.

湖北省地质局武汉水文地质工程地质大队,1989.湖北省武汉市区水文地质工程地质综合勘察报告[R].武汉:湖北省地质局武汉水文地质工程地质大队.

湖北省武汉水文地质工程地质大队,1993.武汉陆家街地区岩溶塌陷防治勘查报告[R].武汉:湖北省武汉水文地质工程地质大队.

雷明堂,李瑜,蒋小珍,等,2007.桂林至阳朔高速公路岩溶土洞勘察及处治技术研究报告[R].桂林:中国地质科学院岩溶地质研究所.

罗文强,肖尚德,冯永,2008.武汉市覆盖型岩溶塌陷形成机理及危险性研究[R].武汉:中国地质大学(武汉).

武汉地质环境监测保护站,2014.江夏区法泗街岩溶塌陷应急勘查报告[R].武汉:武汉地质环境监测保护站.

武汉市测绘研究院,湖北省地质环境总站,2019.武汉市多要素城市地质调查示范项目——岩溶塌陷调查一期[R].武汉:武汉市测绘研究院,湖北省地质环境总站.

武汉市测绘研究院,湖北省地质环境总站,2021.岩溶塌陷调查二期江夏纸坊—庙山一带岩溶塌陷专项调查成果报告[R].武汉:武汉市测绘研究院,湖北省地质环境总站.

武汉市测绘研究院，武汉市勘察设计有限公司，湖北省地质环境总站，2020. 武汉市岩溶塌陷监测示范基地建设一期监测成果报告[R]. 武汉：武汉市测绘研究院.

中国地质环境监测院，湖北省地质环境总站，2016. 武汉市岩溶塌陷调查项目成果报告[R]. 北京：中国地质环境监测院.

中国地质科学院岩溶地质研究所，2005. 武汉市覆盖型岩溶塌陷物理模型试验研究[R]. 桂林：中国地质科学院岩溶地质研究所.